Gabriel J. Schandl

Das Beste geben

Gabriel J. Schandl

Das Beste geben

Wege zum Leistungsglück

GOLDEGG VERLAG

Autorenfotos: Doris Wild, © Gabriel J. Schandl
Foto Seite 91 (Brücke): © Van Truan, Shutterstock
Foto Seite 147 (Bienen): © WitthayaP, Shutterstock

Der Verlag und sein Autor sind für Reaktionen, Hinweise oder Meinungen dankbar. Bitte wenden Sie sich diesbezüglich an verlag@goldegg-verlag.com.

Im Buch wird der Lesefreundlichkeit halber die männliche und weibliche Form abwechselnd verwendet. Wo es sich aus dem Inhalt nicht eindeutig anders ergibt, sind stets beide Geschlechter angesprochen.

Der Goldegg Verlag achtet bei seinen Büchern und Magazinen auf nachhaltiges Produzieren. Goldegg Bücher sind umweltfreundlich produziert und orientieren sich in Materialien, Herstellungsorten, Arbeitsbedingungen und Produktionsformen an den Bedürfnissen von Gesellschaft und Umwelt.

FSC www.fsc.org MIX Papier aus verantwortungsvollen Quellen FSC® C014138

ISBN Print: 978-3-902903-83-9
ISBN E-Book: 978-3-902903-97-6

Friedrichstraße 191 • D-10117 Berlin
Telefon: +49 800 505 43 76-0

Goldegg Verlag GmbH, Österreich
Mommsengasse 4/2 • A-1040 Wien
Telefon: +43 1 505 43 76-0

E-Mail: office@goldegg-verlag.com
www.goldegg-verlag.com

Layout, Satz und Herstellung: Goldegg Verlag GmbH, Wien
Druck und Bindung: CPI books GmbH, Leck

Für meine Kinder.
Ich liebe euch.
Ihr seid einzigartig!

Appetizer

„Gabriel J. Schandl macht wieder Lust auf Leistung und zeigt auf wunderbare Art und Weise auf, warum das größte Glück niemals im Außen liegt, sondern immer in uns drin. Ein klasse Buch, das wachrüttelt, motiviert und Mut macht!"

Ilja Grzeskowitz, Veränderungs-Gestalter

„Gabriel Schandl verarbeitet seine Gabe, mit Geschichten zu berühren, zu einem Buch der besonderen Art. Bereits beim Lesen des Inhaltsverzeichnisses gibt er erste Denkanstöße und macht Lust auf den Rest. Ein Buch der neuen Generation! Frische Gedanken, die unsere tägliche Welt bereichern und dem Begriff ‚Leistung' die Bedrohlichkeit nehmen."

Dr. Ernst Balla, Management Development, voestalpine AG

„Gabriel J. Schandl schafft es in seinem Buch ‚Das Beste geben – Wege zum Leistungsglück', zwei scheinbar widersprüchliche Begriffe sinnvoll miteinander zu verknüpfen, und zeigt sehr überzeugend, wie Spitzenleistung sowohl im eigenen Leben, im privaten Umfeld und im Unternehmen erreicht werden kann. Mit seiner Metapher ‚Dreiklang des Erfolgs' wird dem Leser deutlich gemacht, dass jeder Erfolg, ob privat oder unternehmerisch, in erster Linie auf Stimmigkeit zurückzuführen ist."

Stéphane Etrillard, führender Experte für persönliche Souveränität

„In einer Zeit, in der wir neben dem Stress im Job immer mehr privaten Stress entwickeln, macht Gabriel J. Schandl mit ‚Leistungsglück' Mut, mit Spaß zum Erfolg zu kommen."

Thomas Perdolt, Geschäftsführung Wien, weekend Magazin

„Es muss nicht immer höher, schneller, weiter sein. Es muss auch nicht immer um Spitzenleistung gehen. Es geht darum, wieder mehr von uns selbst zu sein. Gabriel Schandl zeigt in diesem Buch, wie es geht, und macht Mut auf ein Leben voller Chancen und Möglichkeiten. Mit vielen inspirierenden Geschichten und selbst erlebten Erfahrungen zeigt er auf, wie jeder für sich selbst zu einem erfüllten Leben findet."

Norman Bücher, Extremläufer

„Wir leben in aufregenden Zeiten! Der erfolgreichste Golfer ist schwarz und der erfolgreichste Rapper ist weiß – das heißt, unabhängig von unserer Herkunft oder unserer Hautfarbe sind wir von Natur aus Gewinner, denn das Leben hat uns gar nicht anders geplant! Damit aber Gewinnen zur Gewohnheit wird, ist es so, dass wir dafür etwas tun und unsere Komfortzone verlassen müssen. Gabriel Schandl trifft mit seinen Beobachtungen und Aufzeichnungen sehr genau den Nerv unserer Zeit. Dieses Buch liest sich wie ein Kompass auf einer Reise zum Wann-Anders im Wo-Anders und erinnert uns daran, dass Glücklichsein eine Entscheidung ist."

Dr. Jos Z. Gal, Gründer der 5-Sterne-Praxis und erster deutscher Privat-Astronaut der Space Expedition Corporation (SXC)

„Leistungsglück – ein tolles Wort von Gabriel Schandl, besonders in einer Zeit, da viele Menschen nur auf das Wochenende hinarbeiten anstatt Freude an der eigenen Leistung zu empfinden."

Martin Sänger, Vertriebs-Profi, „Mr. Sellutainment"

„Die Begeisterung für den Augenblick, die Freude des Moments, die eigenen Unzulänglichkeiten, über die man lachen kann – all das sind Definitionen des Glücks, die es wert wären, mehr beachtet zu werden. Das kleine, feine, zarte Wunder liegt oft so nahe! Freude und Glück heißt aber auch „Bereit-Sein“ dafür. Für mich sind daher die glücklichsten Menschen die, die es schaffen, andere glücklich zu machen. Trotz und wegen unserer bewegten Zeit! So sind auch Leistung und Glück für mich kein Widerspruch, sondern, ganz im Gegenteil – sie ergänzen sich in wohliger Eintracht! Gabriel Schandl zeigt in seinem neuen Buch spannende Wege des Erfolges, die Spaß machen, die motivieren und dazu gar nicht so schwer sind. Er hat in vielen Bereichen den Begriff Spitzenleistung neu definiert. Spitzen Leistung! Danke dafür!“

Dr. Roman F. Szeliga, Arzt und Mitbegründer der Cliniclowns

„Ich habe das Glück, dass ich mit dem Gedächtnistraining meine Berufung gefunden habe. Sie fühlt sich nicht wie Arbeit an, da es mir auch viel Spaß macht! Von Gabriel Schandl und seinem Buch fühle ich mich absolut bekräftigt darin, genau so vorzugehen. Statt immer weiter zu suchen, wo noch mehr zu holen sein könnte, sollten wir das tun, was uns begeistert.“

Boris Nikolai Konrad, Weltrekordhalter im Namenmerken

Inhaltsverzeichnis

Danke

Es ist ein Privileg, Menschen Danke sagen zu dürfen, denn es bedeutet, dass man etwas von ihnen erhalten durfte. In der Aufzählung wird der eine oder andere fehlen, dafür bitte ich jetzt schon um Nachsicht, es ist mir nicht möglich, alle Personen zu nennen, die zum Erfolg dieses Buchs beigetragen haben und beitragen werden.

Als erstes danke ich meiner Frau Marion, die mich bei der Entstehung dieses Buchs mit einem guten Auge fürs Detail, leidenschaftlichen Diskussionen über die Inhalte und sinnvoller Kritik begleitet hat. Danke, dass du mir nötige und unnötige Freiräume gegeben hast, das zu tun, was mir wichtig war und ist. Danke, dass du unseren Kindern eine Mutter bist, die alles und noch mehr gibt. Noch ein persönlicher Satz an meine Tochter Sarah: Du bist mein erstes Kind und deine Geburt war eines der schönsten Geschenke in meinem Leben.

Ich danke meinen Eltern Julius und Marika, dass sie ebenso ihr Leben uns vier Kindern gewidmet haben, diese Hingabe ist heutzutage eine Seltenheit geworden. Ich liebe euch! Ich danke meinen drei Geschwistern Monika, Julius und Francis Schandl für ihr freundliches Wesen und die Unterstützung, die sich in unterschiedlichsten Bereichen manifestierte. Danke an Jens Raida, Toni Portisch, Arthur Domig, Alex Wimmer und allen anderen Weggefährten für euren persönlichen Einsatz, eure Gebete und eure Zeit.

Danke an die Menschen, die an dieses (Buch-)Projekt geglaubt haben, das ist zuallererst Monika Paitl, die mir mit ihrer sehr aufbauenden Art immer wieder neuen Schwung verliehen hat, Elmar Weixlbaumer und Verena Minoggio-Weixlbaumer, die von Anfang an an dieses „Herzensprojekt“ geglaubt haben, Christian Weller und Jan Schäfer, die mir mit wichtigen Textideen und Fragen halfen. Ernst Balla,

Andreas Buhr, Stéphane Etrillard und viele weitere Kollegen und Menschen haben durch ihre Statements mein Feuer weiter angefacht, danke dafür. Es war ermutigend, eure Begeisterung für dieses Thema zu spüren.

Danke an meine Lektorin, die als Verlagsleiterin immer viel um die Ohren hat, für ihre Geduld, ihr vorbildliches Tempo und ihre interessanten Anregungen. Danke an meine Mitarbeiterin Jara Oberpeilsteiner, die mich bei der Entstehung dieses Buchs unterstützt hat. Ich danke auch den Menschen und Verlagen, die dieses Projekt zuerst abgelehnt haben, weil es mich motiviert hat, erst recht „Gas zu geben".

Ich danke meiner Mastermindgruppe Ilja Grzeskowitz, Martin Sänger und Boris Nikolai Konrad für den regen Austausch, die lustigen Zeiten (den nächsten Club-Tanz im Robinson Club tanzt ihr mit!) und euer Vorbild, es spornt mich an. Danke an meine Kollegen aus der GSA (German Speakers Association), vor allem im Chapter Österreich, Arno Fischbacher, Elisabeth Motsch und Sabine Rohrmoser, um nur einige zu nennen, für den genauso regen Austausch und die gewachsenen Beziehungen. Eure wertschätzende und gebende Art ermutigt und macht Freude!

Danke an das 5-Sterne-Team rund um Heinrich, Ellen und Sabrina Kürzeder und Isabel Roderer. Euer Anspruch ist ein hoher, und das finde ich großartig. Danke an mein damaliges Trainer- und Berater-Team von „Mensch in Bewegung" für die vielen Lernerfahrungen, die ich mit euch machen durfte, und für den regen Gedankenaustausch, für den bei unseren regelmäßigen Treffen immer Platz und Zeit war. Danke an meine Seminar- und Vortrags-Teilnehmer für viele interessante Gespräche, Feedbacks und Beiträge.

Danke an meine zahlreichen Kunden für euer Vertrauen und das Privileg, für euch arbeiten zu dürfen. Speziell seien hier erwähnt: Siegfried Fink und Team, Roland Eichberger, Alois Kraller, Walter Fuchs, Irene Kudryavy und das Team vom Management Circle, Martin Seitlinger, Michael Winkler, Gerhard Suttor, Michael Taschner, Bernhard Schmähl, Wolfgang Kuhs, Annette Tomas, Igor Bonačić und das Team der IIC Group, Herbert Gölzner, Anja Viering, Martin Juhn, Michael Dumpert, Ingrid Huber-Windhofer und Günter Fridrich, Edmund Hipfl, Helmut Gsuk, Horst Keller und die Familie Horsch, Wilhelm Leithner, Jochen Hettler, Reinhard Posch, Erwin Berghammer, Hermann Pretzl und Tina Rachbauer, Barbara Mistelberger, Manfred Schaffrath, Ingrid Hopfinger, Michaela Andraschko, das Team vom weekend Magazin.

Noch schöner ist die Tatsache, dass aus einigen dieser Kundenbeziehungen Freundschaften entstanden sind, das macht mich glücklich. Ich genieße jedes Mittagessen und Gespräch mit euch! Danke für eure jahrelange Treue!

Und schließlich danke ich zu guter Letzt meinem Gott, dass er mich und uns mit Talenten ausgestattet hat, die wir nutzen dürfen. Danke, dass wir dabei nie allein sein müssen, sondern auf Führung und Hilfe vertrauen dürfen.

Gabriel J. Schandl

Vorwort

„Manchmal ärgert mich sogar der Feierabend. Eigentlich will ich gar nicht runter vom Kran", sagt Hubert Schiffers, 59, Kranführer. Der größte Kran, den der Mann aus Heinsberg in Nordrhein-Westfalen bisher bedient hat, war 200 Meter hoch. Um die Kabine zu erreichen, kletterte er jeden Morgen erst einmal 40 Minuten die Leiter hoch. „Bis ich endlich einen Kran führen durfte, musste ich zwei Jahre bei meiner Bauleitung betteln. Denn eigentlich war ich als Zimmermann angestellt. Den Kranführerschein ließen mich meine Chefs nicht machen, weil sie zu wenige Zimmerleute hatten. Anfang der 1990er-Jahre bekam ich die Chance, durfte für einen kranken Kollegen einspringen. Ich kaufte mir eine Umhängetasche für Brote und Thermoskanne, damit ich ungehindert die Leiter hochklettern konnte. Als ich dann oben saß, in 50 Meter Höhe, hatte ich eine Gänsehaut. Das war der Punkt, an dem ich mir sagte: ‚Du musst auf einen Kran, das ist dein Ding.' Nach ein paar Monaten hatte ich endlich meinen eigenen Kran, meine erste eigene Baustelle. Es gibt so vieles, was an diesem Beruf schön ist. Man hat eine große Verantwortung, und ich trage sie gerne. Man muss sehr konzentriert sein. Und wenn man in 200 Meter Höhe sitzt, und der Wind spielt förmlich mit der Last, ist das eine Herausforderung. Ich habe mal zwölf Monate lang auf Urlaub verzichtet, weil ich meinen Kran keinem anderen überlassen wollte. Meine Frau versteht das. Sie weiß: Ich bin eins mit meinem Job. Ich weiß nicht, ob ich mit 65 in Rente gehe. Da ich selbstständig bin, kann ich entscheiden, wann ich aufhöre. Aus Spaß habe ich zu meinen Kollegen schon mal gesagt: ‚Ich möchte mal in meinem Kran sterben.'"

Dieses Beispiel, das der „Stern" in einer seiner letzten Ausgaben[1] zitiert hat, ist leider immer noch eine Ausnahme, wenn auch eine sehr schöne. Die Realität sieht oft anders aus: Zu viel Talent wird verschwendet. Das kostet die Wirtschaft viel Geld, weil Produktivität verloren geht. Aber noch viel entscheidender: Es kostet uns Lebensqualität. Geht es nur darum zu existieren oder geht es uns um Erfüllung?

Nicht jeder kann mit dem Titel und dem Ansatz dieses Buchs sofort etwas anfangen oder sich damit identifizieren. So fragte mich eine Führungskraft einer Genossenschaftsbank, nachdem ich ihr beim gemeinsamen Mittagessen den Titel des Buchs genannt hatte, für wen dieses Buch sein soll? Für die Mitarbeiter, die bestraft werden sollen? Es war zwar als Gag gemeint, aber die Frage hat mich dann doch beschäftigt. Und ich finde es spannend: Weshalb löst dieser Titel so eine Frage als ersten Gedanken bei jemandem aus? Unsere Arbeit ist nicht das Maß aller Dinge, sie ist nicht das Allheilmittel und schon gar nicht das glückseligmachende Wunder zur Zufriedenheit. Aber Tatsache ist, dass wir den größten Teil unserer Wachzeit im Beruf verbringen. Und wenn man sich umhört, was Menschen über ihre Arbeit denken und sagen, angestachelt durch die Medien, kann einem Angst und Bange werden. Es hat mich bewogen, mit den Menschen zu reden, genauer hinzuschauen, zu beobachten. Warum sind einige zufriedener, glücklicher und andere fallen fast vom Sessel, entweder aus Langeweile oder aus Überforderung? Wir müssen nicht wie Walt Disney, Nelson Mandela oder Felix Baumgartner werden, um glücklich sein zu können. Wir müssen auch nicht dauernd Spitzenleistung bringen. Trotzdem können wir von diesen Persönlichkeiten lernen. Nicht alles, aber gewisse Aspekte ihrer Handlungen haben Vorbildcharakter. Deshalb werde ich über sie schreiben. Es geht darum, *mehr* von uns selbst zu sein, *mehr* von den Talenten zu nutzen, die wir mitbekommen haben. Wenn wir das tun, entsteht daraus fast automatisch etwas Besonderes. *Das* ist mein Anliegen und Thema dieses Buchs.

Über die geführten Gespräche, Beobachtungen und Eindrücke aus den letzten 20 Jahren, in denen ich in der

Aus- und Weiterbildungsbranche tätig sein durfte, werde ich schreiben und freue mich, dass Sie mir auf diesem gedanklichen Spaziergang folgen wollen. Am Ende und während des Lesens werden Sie selbst entscheiden, was davon für Sie relevant ist und was nicht. Sie werden nicht mit allem einverstanden sein oder alles gleich wichtig finden, und das ist gut so. Sehen Sie es bitte als Buffet, an dem Sie sich frei bedienen können. Die Orange ist nicht beleidigt, wenn sie liegen bleibt. Wir sind so unterschiedlich, ja so einzigartig konzipiert, dass ganz unterschiedliche Aspekte für jeden von uns wichtig sein werden, und das ist gut so. Einer der Menschen, die bereits Einblick in das Manuskript bekamen, meinte kritisch: „In einem Business-Buch will ich nichts über Glauben lesen." Ich werde trotzdem auch darüber schreiben. Weil es zu meiner Ganzheit gehört. Körper, Geist und Seele sind untrennbar verbunden und der Erfolg im Leben (unsere Folgen) ebenso. Eine isolierte Betrachtung von nur einzelnen Komponenten liegt mir fern. Somit sei bereits hier eine Warnung ausgesprochen: Dieses Buch beinhaltet explizite Aussagen zu obigem Thema. Aber keine Sorge, dabei geht es um einen enstpannten und persönlichen Zugang zu diesem Thema, zum Leben, zur Spiritualität. Manche haben für sich vielleicht unterschiedliche, andere und vielfältige Wege entdeckt, diesen Ansatz zu leben und auch das darf sein. Am Ende müssen wir ganz persönlich hinter und vor dem stehen, was wir für uns als richtig erkannt haben, und einen validen Gradmesser dafür gibt es ja auch: Wie sehr hilft „es" uns, was auch immer dieses es ist, unser Leben nicht nur zu bewältigen, sonden sogar „gut" (was auch immer das für jeden von uns heißt) zu gestalten, und zwar langfristig?

Worum wird es im Kern gehen? Es gibt eine einfache Formel für das, was mir am Herzen liegt:

Talent × Umgebung × Freiheit × Umsetzung = Leistungsglück

Was will ich damit sagen? Wenn wir unser Talent am richtigen Ort, zur richtigen Zeit einsetzen und das auch dürfen, entsteht etwas Besonderes daraus. Viele „Erfolgsgeschichten" – egal ob große oder kleine – lassen sich auf diese Tatsache zurückführen. Erweitert man die Formel noch um den Faktor Zeit und das Vorhandensein von echten Förderern, dann könnte das folgendermaßen aussehen:

Leistungsglück × Regelmäßigkeit × Förderer = Spitzenleistung

Spitzenleistung entsteht nicht von heute auf morgen. Aber sie lässt sich fast nicht mehr verhindern, wenn wir über lange Zeit das tun, was wir am besten können. Und wenn es dann noch Menschen gibt, die das verstärken, indem sie uns unterstützen, dann ... ja, dann ... Finden Sie es für sich selbst heraus! Es wird keine fixfertige Instant-Lösung mit pauschalem Gültigkeitsanspruch vorgeschlagen. Weil jedes Leben, jeder Mensch ganz einzigartig ist. Aber freundliche „Schubser" wird es geben, in Richtungen, in denen Sie für sich Antworten finden werden. Durch Fragen, Beispiele, Geschichten, Erlebtes und das anschließende Stillwerden, um in sich selbst hineinzuhören und zu merken, was dort davon „schwingt".

Lassen Sie sich von den folgenden Beispielen anregen, inspirieren, bei mir hat es funktioniert. Wie wäre es zu Beginn mit einem Blick in die Wüste? Aber bevor es in die Wüste geht, noch ein Hinweis: Vor jedem Kapitel finden Sie eine Frage. Diese Frage hat mit Ihnen zu tun. Fühlen Sie sich frei, zu dieser Frage mögliche und unmögliche Antworten aufzuschreiben. Es ist Ihr Buch. Nutzen Sie es! Und falls Sie statt der oben genannten Formeln lieber ein Zitat hätten, dass „es" auch sehr treffend auf den Punkt bringt, dann lassen

Sie Albert Schweitzer zu Wort kommen, der gesagt haben soll: „Erfolg ist nicht der Schlüssel zum Glücklich-Sein. Glücklich-Sein ist der Schlüssel zum Erfolg. Wenn du liebst, was du tust, wirst du erfolgreich sein.“ Besser kann man es schon fast nicht mehr formulieren. Oder?

Wofür schlägt
Ihr Herz?

Einklang: Leistungsglück – eine Wiederentdeckung

Ein besonderer Sonntag in New Mexico – und ein weltweites Gänsehaut-Gefühl

Es ist der 14. Oktober 2012. Über dem Wüstengebiet von Roswell, New Mexico, USA, steigt ein 170 m hoher Heliumballon in die Stratosphäre auf. Über drei Stunden lang. An dem Ballon befindet sich eine spezielle Kapsel, in der ein Mann sitzt. Dieser Mann schickt sich an, ein Wagnis zu begehen, das es noch nie zuvor gegeben hat. Es ist Extremsportler Felix Baumgartner, der geduldig diesen langen Aufstieg abwartet. Dies stellt den Höhepunkt und Abschluss des Projekts „Red Bull Stratos“ dar, den Rekordversuch eines Stratosphärensprungs. Während der Ballonfahrt ereignen sich kleine technische Probleme. Trotzdem fährt Baumgartner weiter auf. In der unglaublichen Höhe von 39.044 m öffnet Baumgartner die Luke seiner Raumkapsel und macht sich zum Absprung bereit. Noch nie zuvor ist ein Mensch aus dieser Höhe mit einem Fallschirm auf die Erde gesprungen. Das ist ein einmaliger Rekord. Mit den Worten „I know the whole world is watching now. I wish you could see what I can see. Sometimes you have to be up really high to understand how small you are … I'm going home now" („Ich weiß, die ganze Welt sieht jetzt zu. Könntet ihr nur sehen, was ich sehe! Manchmal muss man wirklich weit hinaufgehen, damit man erkennt, wie klein man ist … Ich komme jetzt nach Hause") springt Baumgartner ab. Millionen Menschen weltweit verfolgen den 4 Minuten und 36 Sekunden andauernden Flug an den Fernsehgeräten. Schneller als der Schall rast der Ausnahmeathlet auf die Erde zu, um schließlich in der Nähe seines Ausgangspunkts sicher zu landen. Mit der Gewissheit über sich hinausgewachsen zu sein fällt Baumgartner, Extremsportler und scheinbar „harter" Nehmer, im Wüstenstaub von New Mexico auf die Knie, reißt die Arme kraftvoll in die Höhe und schaut in den Himmel, während Tränen aus seinen Augen fließen. Es ist ein Ausdruck von Erleichterung und unendlicher Freude.

Felix Baumgartner ist erfüllt vom Leistungsglück, wusste ich, als ich diese Bilder sah. Da wächst einer über sich hinaus und verschiebt die Grenzen des Unmöglichen. Wir waren Zeugen einer Spitzenleistung. Als ich die Bilder des Aufstiegs gesehen habe, wie sich Baumgartner allein in seiner kleinen Raumkapsel immer weiter von der Erde – von zu Hause – entfernte, konnte ich seine Gefühle und Gedanken gut nachvollziehen. Auch wenn das jetzt etwas ganz anderes ist: Oft genug bin ich weit weg von zu Hause, allein am Flughafen, im Auto oder im Hotel, so wie es bei vielen Berufen der Fall ist. Wenn wir Erfolg haben wollen, wenn wir Spitzenleistung erbringen möchten, dann müssen wir unseren Weg manchmal allein gehen. Um sehr gute Leistung während meines bevorstehenden Vortrags zu erbringen, bereite ich mich ebenfalls gewissenhaft vor. Unmittelbar vor meinem Auftritt spüre ich eine gewisse Anspannung. Wenn abschließend alles gut gelaufen ist, ich positives Feedback von meinen Gästen aus dem Publikumsraum bekomme, dann fühle ich weichende Spannung, Glück und Freude. Vielleicht kennen

Sie dieses Gefühl, des nachlassenden Drucks und der inneren Freude über etwas Geschafftes. Das Gesicht von Felix Baumgartner – unmittelbar nach der Landung – beschrieb das auf wundervolle Weise!

Spitzenleistung ist nicht der Turbo für das Hamsterrad

Viele Bücher sind bereits über das Wesen des Erfolgs und über Spitzenleistungen geschrieben worden. Manche Bücher lesen sich mit Verlaub wie eine Gebrauchsanweisung. Wenn man bestimmte Punkte berücksichtigt und abarbeitet, kommt der Erfolg von selbst. Dabei stellt sich mir die Frage: Ist Erfolg per se mit Glück verknüpft? Macht Hochleistung automatisch dauerhaft zufrieden? Erreiche ich Spitzenleistung, wenn ich nur hart genug gegen mich selbst bin? Haben auch Sie sich dann und wann gefragt, ob das alles ist und sein kann?

Was steckt in diesem Wort „Spitzenleistung"? Hinter den Wörtern Spitze und Leistung verbirgt sich indirekt die Erwartung des Erfolgs. Leider suggeriert dieses Wort, dass es darum geht immer noch mehr zu leisten. Es lässt den Eindruck entstehen, noch schneller sein zu müssen im Hamsterrad, bis zur Erschöpfung. Dieser Negativtrend der (Selbst-)Ausbeutung zeichnet sich schon seit einigen Jahren ab. Genau um diese Gesichtspunkte, um diese Art von missverstandener Spitzenleistung geht es *nicht*! Wir haben vielfach verlernt, Freude an unserer Arbeit zu empfinden, an unseren Leistungen, egal welcher Art sie sein mögen. Ich möchte Ihren Blickwinkel im Verlauf dieses Buchs erweitern und den Begriff „Spitzenleistung" neu definieren. Ist Ihnen zum Beispiel bei Sportlern oder Schauspielern aufgefallen, dass diese Menschen im Augenblick des persönlichen Höhepunkts bei einem Sieg oder einer Preisverleihung zu Familienmitgliedern, Freunden oder Trainern laufen und dieses Glück teilen? Es muss also noch weitere Komponenten neben der Vorbereitung geben, die Menschen über sich hinauswachsen lassen. Eine klare Vorstellung vom Endergebnis und ein Plan zur Zielerreichung gehören dazu. Training und harte Arbeit sind Grundvoraussetzungen für Erfolg. Der amerikanische „Pitbull der Persönlichkeitsentwicklung", Larry Winget, beschreibt es in seinem Buch „It's Called Work for a Reason" treffend. Darüber hinaus spielen andere Faktoren, die weniger messbar sind, auch eine wesentliche Rolle. Welche Faktoren das sind, erläutere ich später. Alles zusammen motiviert uns letztlich, unser Bestes zu geben und nur darauf kommt es an. Dafür braucht es keine aufputschenden Mittel. Der Körper produziert unter bestimmten Voraussetzungen eigene, viel gesündere „Doping-Stoffe". Es sind körpereigene Hormone wie Noradrenalin oder Dopamin. Sie lassen uns Leistungsglück erfahren und intensiv spüren. Wir sind im „Flow", wie Glücksforscher Mihály Csíkszentmihályi schon vor vielen Jahren diesen Zustand treffend formuliert hat. (Mehr dazu in einem der späteren Kapitel.) Warum sind aber dann erst wenige von uns regelmäßig in diesem wünschenswerten „Fluss", in dem auch schwere Arbeit leicht von der Hand geht, weil wir unsere Talente richtig eingesetzt wissen und sie für die Bewältigung der Aufgabe nutzen können? Lassen Sie uns das herausfinden!

Wettbewerb belebt – und wenn es nur der mit mir selbst ist

Felix Baumgartner ist keineswegs am 14. Oktober morgens aufgewacht, hat kurzfristig einen Flug nach New Mexico genommen, um dort aus 39 Kilometern Höhe zu springen. Baumgartners Erfolg fiel nicht vom Himmel, im Gegensatz zu ihm selbst. Dieser Meilenstein, den er gemeistert hat, ist die Summe von vielen Entwicklungsschritten, Etappenzielen und wachsendem Bewusstsein für das, was er am besten kann und was ihm Freude bereitet. Das Projekt „Red Bull Stratos" ist gleichzeitig auch die Erfolgsgeschichte eines Unternehmens. Ohne einen finanzstarken Partner wäre Baumgartners Sprung ein Traum geblieben. Der Name des Projektpartners von Felix Baumgartner steht bereits im Namen des Vorhabens[2]. Der österreichische Energydrink-Hersteller ist durch aggressives Marketing und intensives Sportsponsoring in die Top-Liga europäischer Unternehmen aufgestiegen. Der Rote Bulle zählt inzwischen zu den wertvollsten Marken der Welt[3]. Für einen Energydrink bietet Sport eine ideale Bühne, um das Produktversprechen (die Flügel, die wir alle aus der Werbung kennen) samt den eigenen Stärken eindrucksvoll zu demonstrieren.

Nicht alle von uns kennen den ungewöhnlichen Weg des Felix Baumgartner zum Extremsportler. Daher lassen Sie mich zum besseren Verständnis der gesamten Geschichte hier einen Überblick dazu geben. Mir geht es dabei nicht um Baumgartner als Person, wir könnten genauso gut viele andere Beispiele genauer betrachten, aber ich habe ihn als Mensch gewählt, der seine Träume und Begabungen lebt, mit allen Ecken und Kanten, Stärken und Schwächen, Erfolgen und Rückschlägen. Und weil er jemand ist, der mit seinem Talente-Bündel, seiner Konsequenz, dem harten Training und intensiver Vorbereitung etwas Besonderes erreicht hat.

Die im Vorwort genannten Formeln kommen hier exemplarisch gut zur Anwendung.

Woher also kommt er? Baumgartner wird 1969 in Salzburg geboren und verbringt bis zu seinem 18. Lebensjahr ein ganz „gewöhnliches" Leben. Er geht zur Schule, macht eine Lehre als Maschinenschlosser und arbeitet anschließend als Kfz-Mechaniker. Nichts deutet bis zu diesem Zeitpunkt darauf hin, dass er eines Tages mit einem Sprung aus dem All in die Geschichte eingehen wird. Selbst mit seinem Eintritt in das österreichische Bundesheer ist das nicht erkennbar. Erst nach und nach zeigt sich seine Begeisterung für das Fallschirmspringen. Jedoch ließen ihm die Strukturen des Militärs wenig Freiheit, um sein Talent voll zu entfalten. Er verließ das Bundesheer und arbeitete an seinen Sprüngen, bis er 1996 seinen ersten Objektsprung am Bridge Day von der New River Gorge Bridge in der Nähe von Fayetteville in West Virginia (USA) realisierte. Ein Jahr später holte er sich an gleicher Stelle den Titel „Best-Overall-Performance". Das war gleichzeitig der Beginn der Partnerschaft zwischen Red Bull und Baumgartner. Von da an absolvierte Baumgartner 2.600 Fallschirmsprünge und sein Sponsor war immer dabei. Eine doppelte Erfolgsgeschichte also.

In den folgenden Jahren wurden seine Sprünge zunehmend spektakulärer. Sei es von der Christusstatue in Rio de Janeiro, dem Wolkenkratzer Taipei 101 in Taipeh, der Hauptstadt von Taiwan, zu springen oder als erster Mensch den Ärmelkanal von Dover nach Calais im Gleitflug zu überqueren. Baumgartner konnte Träume realisieren und Red Bull ging weiter ungewöhnliche Wege, um den Absatz zu steigern. Diese Symbiose gelang und gelingt nach wie vor hervorragend. Dahinter stecken viel Fleiß, Geschick und natürlich auch ein wenig Glück. Vordergründig bekommt das Publikum davon wenig mit. Scheinbar mit Leichtigkeit und Spaß erreichen das Salzburger Unternehmen und der

Extremsportler Spitzenleistungen durch spektakuläre Aktionen. Bereits 2007 haben die Vorbereitungen für dieses spektakuläre Projekt begonnen, also circa fünf Jahre vor dem großen Ereignis. Für beide Akteure, Baumgartner und Red Bull, ging es darum, einen Traum zu verwirklichen. Ein wissenschaftliches Interesse gab es auch. Die aufgezeichneten Daten von Baumgartner während des freien Falls sollten neue Erkenntnisse für Luft- und Raumfahrt liefern. Über dem Projekt stand das Motto „Menschen inspirieren, Großes zu wagen". Ich finde, das passt perfekt zu unserem Thema. Zu jeder Höchstleistung gehört ein gewisser Ansporn. Ohne Wettbewerb gäbe es keinen Vergleich und damit keine Weiterentwicklung. Wenn es auch keinen direkten Wettbewerb vor Ort in Roswell, New Mexico gab, so bestand dieser in historischer Hinsicht.

Am 16. August 1969 sprang der US-amerikanische Militärpilot Joseph Kittinger aus einem Ballon aus 31.333 Metern Höhe. Er stellte damit drei Weltrekorde auf: höchste Ballonfahrt mit einer Gondel, höchste Fallgeschwindigkeit eines Menschen ohne besonderen Schutzanzug und längster freier Fallschirmsprung. Wettbewerbsdruck als Herausforderung kann auch fruchtbar sein. Es sollte nur gelingen, die eigenen Ziele und Ressourcen im Blick zu behalten. Sich zu verausgaben und gleichzeitig mit seinen Kräften hauszuhalten, ist zu einer neuen Herausforderung geworden. Nur so wird Spitzenleistung erzielt. Nicht von heute auf morgen, aber mittel- und langfristig definitiv. Die Geschichte der erfolgreichsten Unternehmen der Welt und der erfolgreichsten Personen der Menschheitsgeschichte zeigen diese Tatsache eindrucksvoll. Über den Begriff Erfolg lässt sich streiten. Wir werden ihn später noch näher betrachten, analysieren und ja, auch ein wenig zerlegen.

Nur Babys in nassen Windeln lieben Veränderung

Den Satz „Nur Babys in nassen Windeln lieben Veränderung" hörte ich erstmals von Klaus Kobjoll, dem Chef des Gäste-Begeisterungs-Hotels Schindlerhof in Nürnberg. Aber ich glaube, er stimmt nicht ganz. Nicht alle von uns mögen Veränderung, das stimmt. Viele freuen sich, wenn etwas endlich einmal läuft oder zur Gewohnheit wird, aber es wird zu einem der wichtigsten Erfolgsfaktoren, wie schnell Sie sich an neue Gegebenheiten, welcher Art auch immer, anpassen und diese mitverändern können. Es gibt auf der anderen Seite außerdem Menschen, die brauchen, ja lieben Veränderungen aller Art. Ein aktuelles Phänomen, wo Veränderungen sehr schnell vonstatten gehen: Social Media verändern unser Kommunikationsverhalten ebenso wie Smartphones. Bisweilen merke ich in Gesprächen mit Führungskräften, dass der eine oder andere mit diesen „neuen" Medien nicht mitkommt. Facebook, Instagram, WhatsApp und Co sind für die morgige Generation allerdings schon so normal, wie sie für einige Vertreter der heutigen noch ungewohnt sind. Sie zu ignorieren hilft allerdings auch nicht weiter. Was dann? Wir sollten Neues einfach tun, es ausprobieren. Ich meldete mich vor einigen Jahren bei Facebook an, um den Anschluss zu meiner Tochter nicht zu verlieren. Vorher dachte ich, das sei völlig unnötig und Zeitverschwendung. Heute finde ich es eine spannende Möglichkeit, um mit Menschen in Kontakt zu bleiben, von denen man sonst nichts wüsste. Und auch, um sich mitzuteilen. Inzwischen verwende ich Viber, Facetime, WhatsApp oder den Messenger und bin begeistert, was diese kleinen Kommunikations-Apps für Vorteile bringen, vor allem, wenn man viel auf Reisen ist und dabei mit Kunden, Freunden und der eigenen Familie den Kontakt halten möchte.

Weil etwas ungewohnt ist, trauen wir uns oft nicht. Wir hören gleich wieder auf, wenn etwas komisch oder neu ist und präferieren unser gewohntes Muster. Sollten wir eine Veränderung dauerhaft verinnerlichen wollen, braucht es schlichtweg das Anfangen damit und danach die reine Wiederholung. Beim 10ten oder 20sten Mal ist es uns bereits nicht mehr fremd, sondern vertraut. Hielt die Tatsache, dass es so einen Sprung noch nie gab, Felix Baumgartner davon ab, ihn zu machen? Nein, im Gegenteil, sie spornte ihn an. Viele von uns fragen: „Warum muss das sein?" Andere wiederum trauen sich zu fragen: „Warum nicht?" Wo wären wir heute, wenn nicht die Pioniere des Geistes und der Tat Grenzen in Frage gestellt hätten und sich getraut hätten, selbige durch ihren Mut zu sprengen? Die Welt entwickelt sich durch die Unzufriedenen, nicht durch die Zufriedenen. Zufriedenheit kann ein wunderbarer Zustand sein, bitte verstehen Sie mich richtig. Aber Unzufriedenheit mit dem Status quo ist auch eine hervorragende Ausgangsbasis, neue Ufer zu entdecken, einen Zustand, eine Situation zu verbessern. Unzufriedenheit ist schlicht die Basis für jedwede Verbesserung.

Singin' in the Rain – Quellen der Erfrischung

Haben Sie Gene Kellys Gesichtsausdruck während seines Tanzes im Regen schon einmal beobachtet? Er singt, tanzt, freut sich des Lebens, obwohl es in Strömen gießt. Das geht natürlich leicht, wenn man verliebt ist. Seine Geliebte flüstert ihm noch ein paar aufbauende Worte zu, es folgen ein Kuss und ein verzauberndes Lächeln. Jedes Mal wird mir ganz warm ums Herz, wenn ich diese Szene sehe. Es ist der Ausdruck des Widerspenstigen im positiven Sinn. Regen – ja und? Wenn ich den Moment mit dir verbringen darf, ist mir die Umgebung egal. Beziehungen zählen. Sie sind es, die uns zu Höhenflügen inspirieren und die uns trösten, wenn wir wieder ganz unten angekommen sind. Manchmal in einem Tempo, das uns wehtut. Ohne persönlichen Rückhalt ist es praktisch unmöglich, dauerhaft Höchstleistungen zu erbringen. Wir brauchen Förderer, wir brauchen Freunde. Welche von dieser Welt und welche von weiter weg. Und wir sollten selbst zu so jemandem werden, der anderen eine Stütze ist. Persönlicher Rückhalt bedeutet für jeden Menschen etwas anderes. Das können Familie, Freunde, Gemeinde und Gemeinschaft oder der Glaube an Gott sein. Dabei ist es unerheblich, ob Sie ein Sportler sind, ein Manager oder in der Produktion arbeiten. Wo fühlen wir uns geborgen? Welchen Hafen laufen wir an, um auszuruhen, neue Kraft zu tanken, um dann von dort aus wieder loszustarten? Denn Leistung bringen müssen wir alle. Und dazu braucht es Kraft. Denken Sie an die Stichwörter „Urlaubsvertretung" oder Einspringen für einen erkrankten Kollegen. In solchen Situationen sind wir bereits mehr gefordert als gewöhnlich. Schließlich sind wir froh, wenn der Kollege wieder an seinem Arbeitsplatz ist und uns entlastet. Über diesen Gedanken bekommen wir eine Vorstellung, wie sich Höchstleistung bei Spitzenathleten und Topmanagern anfühlt. Jedoch gibt es bei diesem Beispiel einen wesentlichen Unterschied. Die Urlaubsvertretung wird angeordnet. Die Mehrheit der Athleten und Topmanager bringen Höchstleistung, weil sie es freiwillig *wollen.* Sie alle kennen Stars aus dem Showgeschäft, die abgestürzt sind. Wo war ihr Rückhalt? Viele können mit Erfolg nicht umgehen und fallen in ein Loch aus Drogen, Alkohol oder anderen Süchten, das ist mehr als schade, denn es betrifft viele Ausnahmetalente. Vor Kurzem ist der Oscar-Gewinner Philip Seymour Hoffman in seiner New Yorker Wohnung gefunden worden. Tot. Gestorben an einer Überdosis. Die Nadel steckte noch in seinem Arm. Er war ein großartiger Schauspieler und Charakterdarsteller. Zu viele gute Leute sterben zu früh. Anspannung oder Belastung trifft nicht nur prominente Leistungsträger aus Film, Sport, Wirtschaft, Politik, Wissenschaft oder Kultur, sondern wir sind in bestimmten Lebensumständen genauso davon betroffen. Rückhalt bedeutet auch Erdung. Am Boden bleiben. Um dann wieder zu neuen Höhenflügen zu starten.

Wollen wir unsere Energie, unsere Ressourcen erhalten, bedarf es eines Ausgleichs und einer Rückzugsmöglichkeit. Wir müssen auftanken können und uns regenerieren. Zum Arbeitsalltag benötigen wir Abwechslung und ein Umfeld, in dem wir auf ganz andere Art „wir selbst" sein können. Mir gibt das Reisen viel. Die Flughäfen, die ich als Sinnbild für Freiheit empfinde. In einem Café zu sitzen, dort einen guten Kaffee zu genießen, zu lesen oder zu forschen, während ich auf den nächsten Flug warte, entspannt mich und macht mir Freude. Neue Städte zu erkunden, sei es laufend, gehend, mit Inline-Skates oder mit dem Segway, am liebsten mit einem meiner Kinder. Andere empfinden das als stressig. Gut so, sonst wären wir alle nur noch an Flughäfen zu finden. Uns wundert, dass es bei einseitigem Karrierestreben, welches den privaten Bereich sträflich vernachlässigt, zu Leistungseinbrüchen bis hin zum Burnout kommt. Ironischerweise sind wir sehr gewissenhaft, wenn es um unser Automobil geht. Vor und nach einer großen Tour überprüfen wir unser Auto. Leuchtet die Inspektionslampe im Armaturenbrett auf, fahren wir zum Service. Die Warnleuchten in uns selbst übersehen wir gern. Sie haben bestimmt schon öfter über den Ausgleich zwischen Beruf und Privatleben gehört oder gelesen. Es steht ein guter Gedanke dahinter: Ein intensives und bewusstes Leben in dem Bereich, in dem wir etwas leisten wollen, ist nur dann möglich, wenn es ebenso ein bewusstes und erfülltes Leben in einem anderen Bereich z. B. Familie, Gemeinschaft, Freunde oder Hobbys, gibt. Die Summe dieser Bereiche sorgt für Balance.

Ich habe das durch herbe Rückschläge in meinem Leben lernen müssen, vor allem, als meine erste längere Beziehung nach sieben Jahren zerbrach. Ich musste meiner kleinen Tochter damals mitteilen, dass Papa ausziehen wird, aber ganz in der Nähe bleibt und immer für sie da sein wird. Diese Tochter ist heute fast erwachsen und hat sich sehr gut entwickelt, ich bin stolz auf sie. Gott sei Dank. Trotzdem war es kein schöner Schritt, kein gewollter oder geplanter, jedes Kind hat ein Recht auf seine beiden Eltern. Aber ich habe ihn übersehen. Den Zeitpunkt. Ich habe meine Arbeit – und das klingt jetzt eigenartig – zu sehr geliebt. Ja, man kann alles, was gut ist, auch übertreiben. Und ich tat es. Ich war oft bis 22.00 oder 23.00 Uhr im Büro, weil es noch einen spannenden Artikel zu lesen, noch eine Folie zu gestalten und noch etwas zu tun gab. Mir war zu diesem Zeitpunkt nicht bewusst, wie sehr ich die Beziehung zu meiner damaligen Freundin vernachlässigte. Bis es zu spät war. Heute achte ich darauf, wenn möglich um 18.00 oder 19.00 Uhr zu Hause zu sein, um meine Kinder noch zu sehen und ins Bett bringen zu können. Ich mag meine Arbeit immer noch, aber ich habe gelernt, dass ich nicht mehr alles nur auf die Säule Beruf setze und es andere ebenso wichtige Lebensbereiche gibt, die der Aufmerksamkeit und Pflege bedürfen.

Ich will fliegen und immer wieder landen – Kerosin für die Seele

In meinem Glauben fühle ich mich geborgen. Zu wissen, woher ich komme und wohin ich gehe. Oder zumindest eine Ahnung und eine Hoffnung darüber zu haben. Gespräche mit lieben Menschen, Freunden, bestimmte Zeiten mit meiner Frau, der Anblick meiner Kinder, Bewegung in der

Natur geben mir Kraft, Stärke und innere Ruhe, selbst wenn ich für meine Vorträge viele Tage auf Reisen bin. Auf diesen Reisen oder im Zuge von Veranstaltungen habe ich immer wieder Menschen kennengelernt, die die Herausforderung zu leben und nicht nur gelebt zu werden vorbildlich meistern. Sie haben eine Tätigkeit, in der sie voll und ganz aufgehen. Menschen berichten mir häufig, wie beseelt sie durch die Entdeckung einer sinngetriebenen Arbeit sind. Sie finden Ruhepunkte inmitten der Hektik und fassen schnell wieder Mut nach Rückschlägen. Sie umgeben sich mit Schönem, suchen sich ihren ganz persönlichen Ausgleich und lassen auch andere daran teilhaben. Aus dieser starken, inneren und bewussten Haltung ergibt sich eine völlig andere Betrachtung von Leistung. Diese wird nicht von außen am sichtbaren Erfolg gemessen, wie ich eingangs ansprach, sondern dieses Gefühl, der Wille und die Motivation, kommen von innen. Das Hinauswachsen über sich selbst erscheint so gesehen eher als ein Wettstreit mit sich selbst. Hochgesteckte Ziele sind dann geeignet, die eigenen Talente zu nutzen und zu entfalten. Wir wachsen unter diesen Voraussetzungen an unseren Erfolgen und ebenso an unseren Rückschlägen.

Der Begriff „Glaube“ ist bereits gefallen. Jeder Mensch hat eine andere Definition dafür. Beim Toronto Waterfall Marathon 2011 interessierte sich kaum jemand für den Sieger und seine extrem gute Zeit von 2 Stunden 9 Minuten. Ich übertreibe nicht, denn der Held des Tages war ein Mann, der auf Platz 3.845 einlief. Seine Zeit: 8 Stunden 25 Minuten. Nur zehn Läufer gingen noch später durchs Ziel als er. Es war der indische Läufer Fauja Singh, der erste Hundertjährige, der einen Marathon absolvierte. Der betagte Inder war nach dem Tod seiner Frau und eines seiner Kinder zu seinem Sohn nach London gezogen. Dort hatte er wieder mit dem Laufen angefangen, um seiner lähmenden Trauer neue Lebensbejahung entgegenzusetzen. Fauja Singh war damals schon 81 Jahre alt. Seine durch das Laufen gewonnene positive Lebenseinstellung bekam ihm offensichtlich ganz gut. In der Gruppe der über Neunzigjährigen stellte Fauja Singh Weltrekorde über alle Distanzen auf. Als er das olympische Feuer durch den Londoner Stadtteil Newham trug, hatte er Mühe sich einen Weg durch die Fotografen und Bewunderer zu bahnen. Über seine Marathonläufe sagt er: „Die ersten 20 Kilometer gehen leicht, die letzten 20 Kilometer spreche ich mit Gott." Welch interessante Einstellung! Am 24. Februar 2013 bestritt Fauja Singh seinen letzten Langstrecken-Lauf in Hongkong. Für die 10 Kilometer benötigte er 1 Stunde und 32 Minuten[4]. Beeindruckend ist auch die Tatsache, dass dieser Mann aufgrund einer Gehschwäche in seinen Beinen bis zu seinem fünften Geburtstag nicht ordentlich laufen konnte.

Es ist eine immense Spitzenleistung, die dieser Mann erbracht hat. Unsere gängigen Maßstäbe für Leistung greifen hier zu kurz. Sie reduzieren das Feld auf offensichtliche Gewinner und Verlierer. Nur, wer definiert denn überhaupt, wer ein Gewinner und wer ein Verlierer ist? Der Blick allein auf den Sieger hätte uns blind gemacht für das, was Fauja Singh zuwege gebracht hat. Unsere üblichen Parameter erweisen sich oft als einseitig und stellen äußerliche Merkmale in den Vordergrund. Verdienst, Statussymbole und Prestige sagen wenig über die Qualität und den Wert einer Tätigkeit oder etwas über einen Menschen aus. Vor diesem Hintergrund sind unsere gewohnten Maßstäbe veraltet. Unsere Welt hat sich verändert. Eine Einteilung nach Stereotypen wird der Vielfalt nicht gerecht. Was diese Art überholte Parameter verbindet, ist ihr Mangel an Einbeziehung des Gesamtbilds. Leistung ganzheitlich zu begreifen, schließt Körper, Geist und Seele ein, und das keineswegs im übertragenen Sinne. Spitzenleistung ist immer eine Kombination aus mehren Komponenten, Lebensbereichen und Faktoren. Was nicht bedeutet, dass wir ständig und überall spitze sein müssen. Aber was werden wir bereuen, wenn wir am Ende unseres Lebens stehen? Die Dinge, die wir probiert und gewagt haben, oder all das, was wir uns nicht getraut haben oder zu dem wir nicht mehr gekommen sind, weil wir „zu beschäftigt" waren? Was wird zählen? All der Besitz, den wir angehäuft haben, oder die Qualität der Begegnungen mit anderen Menschen? Hinter einem Leichenwagen ist noch nie ein Möbelwagen gefahren. Diese Tatsache bringt es auf den Punkt: Wir werden alles hierlassen (müssen). Bitte fassen Sie das meinerseits nicht als pietätlos auf. Wir verdrängen den Tod häufig genug und da er so fix zu unserem Leben gehört wie unsere Geburt, will ich uns – mich eingeschlossen – erinnern: Was wollen wir und wie wollen wir es? Wir haben es in der Hand, unseren Teil dazu beizutragen. Heute, hier, jetzt. Jack Nicholson und Morgan Freeman bringen es im Film „Das Beste kommt zum Schluss" wunderbar auf den Punkt: Beide erfahren, dass sie nur noch kurze Zeit zu leben haben. Und beide beschließen, noch einmal ordentlich Gas zu geben, sie schreiben sich eine Liste von Dingen, die sie erleben und machen wollen. Schaffen sie es? Ich verrate es Ihnen nicht. Sehen Sie sich diesen Film an, er ist eine gute Erinnerung an unsere Endlichkeit und hervorragende Motivation, jetzt schon das zu tun, wovon wir träumen. Worauf warten wir noch?

Stille Helden – Charakter ist, wie du dich verhältst, wenn keiner zusieht

Beide Darsteller aus dem oben genannten Film hatten einen Beruf, in dem sie auf jeweils ihre Art erfolgreich waren. Hochleistung entsteht aber ebenso an ganz anderen und oft unspektakulären Stellen, die uns im Alltag gar nicht bewusst sind. Mütter und Väter beispielsweise, die ihre Tätigkeiten als Herzensangelegenheit ansehen, vollbringen oft wahre Wunder. Krankenschwestern, Altenpfleger, CliniClowns, Ärzte ohne Grenzen, Feuerwehrmänner ... Sie sind die wahren Helden des Alltags. Die Hochwasser-Katastrophe im Frühling 2013 in Österreich und Deutschland hat dies großartig unter Beweis gestellt. Was hätten die Betroffenen ohne die vielen freiwilligen Helfer getan, die geschaufelt, Sandsäcke gefüllt und für Nahrung gesorgt haben? Oder die zahlreichen Feuerwehrmänner und -frauen, genauso wie die Soldaten der Bundeswehr, die mit angepackt haben. Mussten sie motiviert werden? In den schwierigsten Zeiten rücken die Menschen eng zusammen. Sie beten. Und sie helfen sich gegenseitig. Auch diese Aspekte werden wir unter die Leistungslupe nehmen und dabei entdecken, dass es eine beglückende Erfahrung sein kann, zu helfen. Andere stille Helden des Alltags sind außerdem alle jene, die Partnerschaften aufbauen – und selbst in schwierigen Zeiten am Leben erhalten –, dabei Kinder großziehen, eine Patchwork-Familie moderieren und biografische Brüche meistern. Das vergessen wir oft.

Gibt es diese stillen Helden auch in der Wirtschaft? Zunehmend setzt sich sogar in der Wirtschaft ein anderes Verständnis gegenüber dem Menschen durch. Das betrifft neben dem Kundenbild das Bild des Mitarbeiters. Führungskräfte lernen und entdecken, dass es zur zentralen Führungsaufgabe gehört, die besten Mitarbeiter zu finden und zu halten. Immer mehr Unternehmen stellen sich der Bewertung durch ihre Mitarbeiterinnen und Mitarbeiter[5]. Die Zugpferde unserer Wirtschaft – das sind unter anderem die vielen KMUs (kleinere und mittlere Unternehmen) – haben keine Angst mehr vor Transparenz. Sie zeigen sich so nach außen, wie sie sind, und sind offen für Feedback. Die Besten werden dafür sogar ausgezeichnet. Die Initiative „Great Place to Work“[6] ist als interessantes Beispiel dafür zu nennen. Es handelt sich nicht um ein hohles Siegel, sondern eine Bestätigung, dass dieser Arbeitgeber zu den für Mitarbeiter attraktiven Unternehmen gehört. Initiativen wie diese sind wichtiger denn je. Wenn wir den Menschen als biologisches, intellektuelles, psychisches, soziales und spirituelles Wesen sehen, eröffnet sich ein weites Spektrum an Leistungen, zu denen er fähig ist. Jeden Einzelnen richtig einzusetzen ist die ständige große Herausforderung für Führungskräfte. Zu dieser erfreulichen Entwicklung gibt es leider auch unschöne Gegenbeispiele und Fehlentwicklungen. Die Schlagzeilen über Missstände bei Leiharbeitern, Mindestlohndiskussion, regelrechte Ausbeutung von Arbeitskraft oder totale Videoüberwachung häufen sich. In Zeiten von Social Media bleiben diese Missstände nicht unaufgedeckt, und das ist gut so. Je mehr darüber bekannt ist, desto mehr Menschen treten auf den Plan, um diesen Vorgängen entgegenzuwirken.

Erfreut stelle ich einen Wandel fest, der sich zunehmend durchsetzt, wenn ich Vorträge in Unternehmen halten darf. Es bildet sich eine Offenheit für positive Potenziale wie Lernen, Weiterentwicklung, Dynamik oder Leistungsfreude. Hier werden Führungsqualitäten, unternehmerische und gesellschaftliche Verantwortung gebraucht. Die „Chefs“ sind gefordert! Zugleich ist jeder angesprochen, achtsam für sich selbst zu sorgen und sich weiterzuentwickeln. Das beschreibt die auf den Kopf gestellte Pyramide, bei der die Führung „unten“ steht und die Mitarbeiterinnen und Mitarbeiter „oben“. Sie werden dazu in Kürze mehr lesen. Vor diesem Hintergrund ist der Begriff „Spitzenleistung“ neu zu betrachten. Es geht um die Verbindung mit dem eigenen Leben: die persönliche Spitzenleistung als orientierendes Leistungshoch und als beglückende Erfahrung unter Einbindung des persönlichen Umfeldes.

„Warum in die Ferne schweifen, wenn das Gute liegt so nah?" – die Reise beginnt in uns

Die Überschrift dieses Kapitels ist angelehnt an Goethes Gedicht „Erinnerung"[7]: „Willst du immer weiter schweifen? Sieh, das Gute liegt so nah. Lerne nur das Glück ergreifen. Denn das Glück ist immer da."

Wo ist dieses Glück zu finden? Mit Sicherheit ist Felix Baumgartner bei dem über drei Stunden andauernden Aufstieg zur Stratosphäre mit Blick auf die immer kleiner werdende Erde in sich gegangen. Spätestens bei seinem Ausstieg aus der Kapsel unmittelbar vor dem Absprung ins endlos wirkende blaue Nichts wird er seine ganz speziellen Gedanken gehabt haben. All das durfte er erleben, weil er stets eines wollte: sein Bestes geben. Dies ist ihm beeindruckend gelungen. Einige Monate nach seinem spektakulären Stratosphärensprung traf ich Felix Baumgartner zufällig bei einem privaten Besuch im Hangar 7 in Salzburg[8]. Weil mich seine außergewöhnliche Leistung interessierte, sprach ich ihn auf seinen großen Sprung an. Ich wollte wissen, was in ihm vorging, was er dachte und fühlte. Und auch, was er als Nächstes plante. Es zeigte sich, dass Felix Baumgartner ein bodenständiger Mensch geblieben ist, der das Rampenlicht eher scheut. Was war nach diesem kaum zu überbietenden Sprung sein Ziel? Seine bescheidene Antwort lautete: „Hubschrauber fliegen." Das mag er am liebsten. In der Tat absolviert Baumgartner eine Ausbildung zum Rettungshubschrauberpiloten. Er leistet seine dafür nötigen Flugstunden in einem Hubschrauber eines österreichischen Flugdienstes, welcher unterschiedliche Transporte übernimmt. Und das macht er mit Leidenschaft. Es ist eines seiner nächsten Ziele: so gut wie möglich Hubschrauber zu fliegen. Wir finden unser Glück offenbar in dem, was uns innerlich erfüllt und Freude macht, in Träumen und Visionen, die umgesetzt werden, und in Talenten, die gelebt werden.

Felix Baumgartner (li.) im Gespräch mit Gabriel Schandl in Salzburg

In den nächsten Kapiteln werden wir einzelne Aspekte aus unterschiedlichen Blickwinkeln vertiefen. In der Wirtschaft und in unserer Gesellschaft gibt es dazu viele hervorragende Beispiele. Gemeinsam werden wir uns auf die Suche nach diesen Beispielen machen und offensichtliche und verborgene Talente suchen und beleuchten. Ich möchte Sie dazu ermuntern, wieder von Visionen zu träumen mit dem Ziel, dass Sie am Ende des Buchs oder schon währenddessen den Mut fassen, Ihre Träume Schritt für Schritt umzusetzen. Die Antworten schlummern alle in Ihnen. Sie müssen ja nicht wie Morgan Freeman und Jack Nicholson im Film so lange warten, bis es fast zu spät ist. Wenn es „Zutaten" zum Leistungsglück gäbe, welche könnten das sein? Und wann sollten wir damit beginnen, mit ihnen zu arbeiten?

Was macht Sie glücklich?

Die geheimen Zutaten zum Leistungsglück

„51% der Deutschen sind mit dem Leben hochzufrieden. Damit liegen sie im internationalen Mittelfeld. Am glücklichsten sind die Schweizer, am traurigsten die Russen." So der Spiegel in seiner Ausgabe Nr. 6/2014. Bei den Österreicherinnen und Österreichern dürfte es ähnlich sein, vielleicht ein paar Prozentpunkte darüber oder darunter, egal, die gute Nachricht zwischendurch: Ein Großteil der Menschen, der Arbeitnehmerinnen und Arbeitnehmer im deutschsprachigen Raum, ist glücklich und zufrieden. Das ist gut so. Dieser Nachricht stehen aber auch andere Fakten gegenüber, bleiben wir bei dem Spiegel-Artikel: „1,4 Milliarden Überstunden in einem einzigen Jahr, jeder vierte Arbeitnehmer innerlich gekündigt, zu wenig Zeit für die Familie, zu viele E-Mails bis spät in die Nacht, 59 Millionen Krankenstandstage durch psychische Belastungen ..." Das wiederum klingt nicht mehr gut.

Was machen wir oder zumindest einige von uns, wenn wir unglücklich in unserem Job sind? Eine junge Mitarbeiterin wurde wortwörtlich über Nacht berühmt, weil sie ihrem Chef die Kündigung tanzend und per Video zukommen ließ. Es war 4.30 Uhr und Marina Shifrin, eine sympathische junge Dame mit Hornbrille immer noch in der Arbeit. Aber nicht mehr lange. Sie stellte die Kamera richtig ein und legte dann los. Beim Text ihres YouTube-Videos[9] steht zu lesen: „Ich arbeite für ein tolles Unternehmen, das neue Videos macht. Ich habe mein Leben da rein investiert, aber mein Chef sagt, die Menge, die Geschwindigkeit und die Klickraten sind am wichtigsten. Ich glaube aber, dass Qualität wichtiger ist und der Inhalt. Wenn du lernst, das zu verbessern, werden auch die Klicks kommen. Hier ist ein kleines Video, das ich gemacht habe, um meine Gefühle zu erklären. Ich kündige.“ Am heutigen Tag zählt dieses Video über 17 Millionen Klicks. Eine beachtliche Zahl. Wenn Sie diese Zeilen lesen, werden es noch einige paar mehr sein. Und dafür ist nicht nur die coole Musik von Kanye Wests „Gone“ verantwortlich. Kurze Zeit später stellte ihr Chef ein Antwort-Video gemeinsam mit dem verbliebenen Team online, in dem sie augenzwinkernd und ebenso tanzend formulierten, dass sie über ihren Job froh sind – und aktuell gerade wieder Leute einstellen. Auch dieses Video hat schon über vier Millionen Leute auf YouTube erreicht. Dieser „schräge“ Ansatz hat Marina Shifrin nicht nur über Nacht zur Internet-Berühmtheit verholfen, er hat ihr auch interessante neue Jobangebote beschert, unter anderem von Queen Latifah. Auch ihr früherer Arbeitgeber hat vom vermeintlichen „Ruhm“ profitiert, zumindest durch erhöhte Aufmerksamkeit. Viele kannten die taiwanesische „NMA“ (Next Media Animation) noch nicht, auch wenn sie mit 600 Mitarbeitern zu einem der größten 3-D-Grafik-Unternehmen Asiens[10] gehört.

Eine weitere junge Frau erlangte durch ihre herausfordernden Gedanken zum Thema Leben Internet-Berühmtheit. Julia Engelmanns Beitrag bei einem „Poetry Slam“ – eine Art Dichter-Wettbewerb unter jungen Menschen – in Bielefeld wurde bereits über fünf Millionen Mal angeklickt[11]. Der sechsminütige Beitrag aus der Turnhalle der Universität glänzt dabei nicht durch rhetorische Geschliffenheit, im Gegenteil, fast schüchtern und etwas holprig bringt sie ihren Text, aber der Inhalt gibt einem richtig zu denken, und das ist gut so. Auszug: „Und eines Tages, Baby, werden wir alt sein, oh Baby, werden wir alt sein und an all die Geschichten denken, die wir hätten erzählen können. ... und die Geschichten, die wir dann stattdessen erzählen, werden traurige Konjunktive sein, wie: Einmal bin ich fast nen Marathon gelaufen, und ich hätte fast die ‚Buddenbrooks' gelesen, und einmal wär ich beinahe bis die Wolken wieder lila waren, noch wach gewesen ... Lass uns möglichst viele Fehler machen und möglichst viel aus ihnen lernen. Lass uns jetzt schon Gutes säen, damit wir später Gutes ernten. Lass uns alles tun, weil wir können und nicht müssen." Tolle Gedanken einer 21-jährigen Psychologiestudentin, die es damit sogar in einen Leitartikel des Magazins „Focus" geschafft hat[12], der sich genau damit beschäftigt: „Mut zum Ich – So finden Sie heraus, was in Ihrem Leben wirklich zählt". Viele Magazine greifen dieses Thema auf, auch Bücher, so wie dieses hier. Es scheint ein wichtiges Thema unserer Zeit zu sein. Herausfordernd und richtungsweisend nicht nur für die jetzige Generation, sondern noch viel mehr für die, die folgt, die kommt, die will, die hinterfragt, und das ist gut so. Sie haben die Namen „Generation Y" und „Generation Game" und wollen anders geführt werden, als wir es bisher kannten. Sind wir bereit und gerüstet dafür? Es braucht Mut, etwas Neues zu probieren. Armut kommt von „arm an Mut", hat ein erfolgreicher Hotelier gesagt. Es ist diese spannende Aufgabe, zwischen Zufriedenheit und Herausforderung zu wechseln, zu wählen, manchmal abzuwählen. Nicht um des reinen Veränderns willen, sondern weil das Leben manchmal ein ungeplanter Fluss von Ereignissen ist, die wir zum Teil beeinflussen können und zum Teil nicht. Aber was wir bereits jetzt und hier tun können, ist auch sicher:

Alles Großartige und jedes Gefühl der Zufriedenheit

beginnt damit, dass wir das, was wir aktuell tun, richtig gut tun, egal zu welcher Generation wir gehören. Einfach weil jede Tätigkeit, die es wert ist, getan zu werden, es auch wert ist, gut getan zu werden, ohne es zu übertreiben, ohne alles aufzugeben, wie Marina Shifrin es für zwei Jahre tat, um dann zu erkennen: Es war zu viel. Vielleicht entwickeln wir dabei sogar eine Art „Leidenschaft" im richtigen Maß, die eine der wichtigsten Voraussetzungen für Glück und Erfolg ist. Dazu mehr im übernächsten Kapitel. Von diesem Ausgangspunkt aus können wir dann jedwede Verbesserung, die wir wollen, angehen und initiieren. Ein Mann, der gegen die Rassendiskriminierung kämpfte, erhielt 1964 für seine Verdienste den Friedensnobelpreis. Ich komme im Kapitel mit den Visionen und Zielen nochmals auf ihn zu sprechen. Aber hier jetzt schon ein Zitat aus seinem reichen Erfahrungsschatz, das mir sehr viel bedeutet. Ich schätze es so sehr, dass ich daraus Postkarten produzieren ließ, die ich meinen Zuhörern nach einem Vortrag als kleines Erinnerungsgeschenk mitgebe: *„Wenn es dir im Leben zufällt, Straßen zu kehren, dann kehre die Straßen wie Beethoven Musik komponierte. Kehre die Straßen wie Shakespeare dichtete. Kehre die Straßen so gut, dass alle Heerscharen im Himmel und auf Erden innehalten müssen und sagen: ‚Hier lebte ein großer Straßenkehrer, der seine Aufgabe gut gemacht hat.'"* (Martin Luther King)

Wenn wir so eine „einfache" Tätigkeit wie Straßenkehren gut machen können, können wir jede andere Tätigkeit ebenfalls gut machen. Schon daraus wird ein Gefühl der Zufriedenheit resultieren, weil wir unser Bestes gegeben haben, egal bei welcher Arbeit. Das werden wir selbst merken ebenso wie die Menschen um uns herum. Dieses Gefühl bringt innere Stärke und Gelassenheit mit sich, beides brauchen wir, um dann möglicherweise notwendige Veränderungen vorzunehmen oder darauf vorbereitet zu sein. Wann sollten wir beginnen, das, was wir tun, gut zu machen? Oder notwendige Veränderungen anzugehen?

Das Maßband aus Papier – juhu, ich lebe noch!

„Einer meiner Freunde öffnete im Schlafzimmer die Schublade im Schrank seiner Ehefrau und holte ein in Seidenpapier verpacktes Päckchen heraus. Es war nicht irgendein Päckchen, sondern eines mit Unterwäsche darin. Er warf das Papier weg und betrachtete die Seide und die Spitze. Dies hatte er gekauft, als er mit seiner Frau zum ersten Mal in New York gewesen war. Das war jetzt acht oder neun Jahre her. Sie hatte die Dessous nie getragen. Sie wollte sie für eine besondere Gelegenheit aufbewahren. ‚Und jetzt, jetzt', sagte er ‚glaube ich, ist der richtige Moment gekommen.' Er näherte sich dem Bett und legte die Unterwäsche zu den anderen Sachen, die vom Bestattungsinstitut mitgenommen werden würden. Seine Frau war gestorben. Als er sich zu mir umdrehte, sagte er mir wenige Worte, die ich nicht vergessen werde: ‚Bewahre nichts für einen besonderen Anlass auf. Jeder Tag, den du lebst, ist ein besonderer Anlass.' Ich denke immer noch an diese Worte. Sie haben mein Leben verändert."[13] Quelle: Unbekannt. Diese Geschichte berührt mich sehr und fordert mich selbst auf, nichts aufzuschieben und so gut wie möglich im Moment zu leben.

Beim Wort Spitzenleistung geht es mir um eines sicher nicht: noch mehr zu leisten, noch schneller im Hamsterrad zu laufen, damit es sich dreht, noch schneller in das Burnout zu kommen, weil es uns schlicht aus den Socken oder dem Hamsterrad haut. Die Frage, die sich stellt, ist vielmehr folgende: Wie wollen wir die restlichen Tage, Wochen, Monate und Jahre, die noch vor uns liegen, verbringen? Daran soll uns die soeben erzählte Geschichte erinnern.

Stellen Sie sich bitte einmal kurz vor, Sie hätten ein Maßband in der Hand. So ein Maßband aus Papier wie man sie in den Möbelhäusern einer großen Kette an der Wand hängend findet. Nehmen Sie das bitte einmal gedanklich zur Hand. (Es ist eine schon lange bekannte Übung, aber ich finde sie so gut, dass ich sie immer wieder gerne mache ...) Suchen Sie sich auf der Seite, die von 1 bis 100 markiert ist, also die Zentimeterseite, Ihr aktuelles Alter. Knicken Sie es dort bitte einmal ab. Und im zweiten Schritt suchen Sie sich jetzt auf der anderen Seite der Skala, wenn Sie ein Mann sind, die Zahl 78, wenn Sie eine Frau sind, die Zahl 82. Das ist Ihre derzeit ungefähr durchschnittliche Lebenserwartung. Knicken Sie es bitte auch dort ab. Und jetzt schauen Sie sich den verbleibenden Rest an. Willkommen zum ersten Tag vom Rest Ihres Lebens! Bei einigen löst das noch Freude aus, andere sind jetzt eventuell frustriert. Ist das viel, ist das wenig, was Sie hier noch sehen? Sobald Sie sich nach diesem Schock wieder erholt haben, möchte ich Sie beruhigen. Wir haben voraussichtlich noch einige Tage, einige Wochen, vermutlich sogar Monate oder Jahre vor uns. Und wir können diese Zeit gestalten. Das ist die gute Nachricht. Gleichzeitig wissen wir nie, wie lange wir tatsächlich hier sein dürfen, auf dieser Welt, in diesem Leben. Es kann sein, dass wir dieses durchschnittliche Alter erreichen, das ja in den letzten Jahren und Jahrzehnten ständig gestiegen ist. Wir Menschen werden gesünder, die Medizin wird besser, die Lebenserwartung steigt. Vielleicht übertreffen wir sie sogar, die durchschnittliche Lebenserwartung, wie mein 97-jähriger Großvater. Es kann aber auch sein, dass wir nur noch diese heutige Nacht vor uns haben, wenn überhaupt. Wir wissen es nicht. Noch einmal die dazu passende Frage: Wie wollen wir, wie wollen Sie diese verbleibende Zeit, die restlichen Tage nutzen? Was machen wir aus unserem Leben? Das ist eine Frage, die mich schon viele Jahre beschäftigt. Ich war nicht immer glücklich in dem, was ich getan habe. Deshalb suchte ich stets weiter, in dem Bestreben zu optimieren. Wie passt das, was ich gut kann und mir Spaß macht, zu den restlichen Anforderungen meines Lebens, also zu den Kosten, die es zu decken gibt, zur Familie, für die ich sorgen soll und darf? Zu den Träumen, die ich leben will? An all diese Fragen erinnerten mich immer wieder die vielen Seminare und Vorträge, die ich besucht, und die Bücher, die ich gelesen habe. Das war gut. Wir brauchen diese ständige Erinnerung, den Fingerzeig auf das, was wirklich zählt, was wir wirklich können und was wir wirklich wollen. Nur dann ist eine Kurskorrektur möglich. Wir können jetzt damit anfangen. Immer wieder anfangen zu dürfen ist eines der Geheimnisse des Leistungsglücks. Dabei können sich Ziele und Werte auch verändern. Was zählt, ist der Moment, das Heute und das Morgen. Oder um es mit den Worten von Konrad Adenauer, dem ersten Bundeskanzler der Bundesrepublik Deutschland, zu sagen: „Was interessiert mich mein Geschwätz von gestern?"

Leidenschaft ist der Spiritus im Brenner des Lebens

Frage: „Sie produzieren neue TV-Serien, neue Bücher, ein eigenes Koch-Magazin, eröffnen weltweit Restaurants und bringen immer wieder neue Kampagnen für gesundes Essen voran. Sind Sie nie satt?" *Antwort*: „Wenn man all meine Aktivitäten jetzt so schnell hintereinander auflistet, wie Sie das gerade machen, wird einem natürlich schwindelig. Da kommt schon viel zusammen. Ich bin oft unberechenbar. Dabei mache ich einfach nur, was mir Spaß macht: kochen und mit Menschen umgehen. Daraus entstehen Geschichten, die ich in Büchern oder im Fernsehen erzähle. Alles andere leitet sich daraus ab. Wissen Sie, ich hätte mich schon mit 26 Jahren als reicher Mann zur Ruhe setzen können, so lächerlich und geschmacklos sich das vielleicht jetzt auch anhören mag. Damals musste ich mich entscheiden: Will ich künftig dieser selbstgefällige kleine 26-Jährige sein, der nur noch irgendwo auf seinem Landsitz hockt? Das wollte ich nicht. Ich wollte noch etwas erreichen. Und ich hatte nur zwei Möglichkeiten: klein bleiben oder ziemlich groß werden. Ich habe mich für Letzteres entschieden.“[14]

Dieses Interview ist betitelt mit „Ein Gespräch über Kochen aus Leidenschaft“, und das bringt es perfekt auf den Punkt: Aus dieser Leidenschaft wurde etwas ganz Großes. Jamie Oliver ist heute nicht nur weltberühmt, er ist eine Marke. Ich mag diesen Typen! Was mich an ihm so fasziniert, ist die Art, wie er mit seiner „Arbeit“ umgeht. Wobei dieses Wort in seinem Wortschatz wahrscheinlich nicht so oft vorkommt. Was er tut, macht er mit einer derartigen Hingabe, dass einem nicht nur das Wasser im Mund zusammenläuft, sondern man jegliche Scheu vor dem Kochen verliert und am liebsten gleich selbst loslegen möchte, da es so einfach aussieht. Der Duft strömt fast schon durch den Fernseher, so schön und intensiv sind die Bilder seiner Kochsendungen, die er gerne auch mit Reisen kombiniert. Fernweh und Hunger auf einmal, na toll, danke, Jamie! Wer ist der Mann, den Jennifer Aniston anruft, um ihn als Koch zur 40er-Feier ihres damaligen Mannes – Brad Pitt – in Los Angeles zu engagieren, und was treibt ihn zu solchen Spitzenleistungen an?

Oliver wurde im Mai 1975 in Clavering geboren, er arbeitete nach einer Ausbildung in Hauswirtschaftslehre – klar, oder? – als Koch. Im „River Café“ wurde er 1997 von BBC-Mitarbeitern entdeckt. Ein besonderes Anliegen ist ihm gesundes Essen für Schüler, aus diesem Grund engagiert er sich regelmäßig in britischen oder amerikanischen

Schulkantinen. Seine Kochbücher erscheinen in 80 Ländern, seine Shows werden in 120 Ländern ausgestrahlt. In seinem neuesten Buch „Cook clever mit Jamie“ zeigt er, wie man mit wenig Geld gut kochen kann. Jamie Oliver ist Besitzer von Restaurantketten weltweit. Er ist verheiratet und Vater von vier Kindern. Es ist eine schöne Geschichte, die über diese Persönlichkeit entsteht. Natürlich fiel ihm all dieser Erfolg nicht in den Schoß. Im Interview sagte er, er „habe den schönsten, aber auch den härtesten Job der Welt“. Aber das scheint ihm offenbar nichts auszumachen, weil er schlicht liebt, was er tut. Zu banal? Sorry, große Wahrheiten sind oft sehr einfach. Daraus eine Handlungsanleitung für uns alle abzuleiten, ist mir ein großes Anliegen, denn was wäre, wenn mehrere Menschen so viel Spaß bei ihrer Arbeit hätten wie Jamie Oliver?

Wir wären glücklicher, gesünder, erfolgreicher. Ja, ich weiß, das klingt jetzt einfach. Aber es beginnt alles dort, wo wir unsere Talente bekommen haben. Der eine 10, der andere 5, der Dritte eines. Davon erzähle ich gleich später in einer Geschichte.

Welches Talent ist Ihres? Kochen? Anderen helfen? Verkaufen? Qualität kontrollieren? Planen? Delegieren? Ziele erreichen? Diese Liste ließe sich sehr lange fortsetzen. Wir können diesen Prozess abkürzen: Erinnern Sie sich zurück an Zeiten, in denen Sie richtig glücklich waren, obwohl viel zu tun war. Was haben Sie in diesen Zeiten getan? Woran haben Sie gearbeitet? Wie sah der Tag, die Woche damals aus? Lassen Sie die damaligen Erinnerungen wieder auftauchen und fragen Sie sich auch, wie Sie davon wieder etwas herstellen können. Wenn Sie es einmal konnten, können Sie es immer und immer wieder! Auf meiner Pinnwand hängt ein Ausdruck mit sieben großen Wörtern: DO MORE OF WHAT MAKES YOU HAPPY! (Diesen Satz fand ich das erste Mal auf der Website des Coworking Space Salzburg[15] und ich finde ihn genial!) Mach mehr von dem, was dich glücklich macht! Das vergessen wir in der Hektik des Alltags nur zu oft. Deshalb gehört es in Erinnerung gerufen und anschließend neu geplant. Wo ein Wille, da ein Weg – ist zwar eine Binsenweisheit, aber eine gute, wenn sie gelebt wird. Ich möchte diesen Satz ergänzen: Wo ein Wille zur Freude, zum Spaß, da ein Weg. Wir dürfen das tun, was uns glücklich macht, und wir dürfen sogar damit Geld verdienen. Das könnte das zweite Geheimnis zum Leistungsglück sein.

Veränderung heißt die Stellschraube der Flamme

„Ich habe schon Breakdance gemacht, als ich noch zur Grundschule ging. Was allerdings zunächst ein Nachteil war, als ich versuchte, in der Schauspielbranche Fuß zu fassen. Weil ich diesen idiotischen Breakdancer-Haarschnitt trug, dazu Breakdancer-Klamotten, wollte mich partout kein Agent vertreten. Die haben mich einfach nicht akzeptiert. Ich musste also ein paar Dinge ändern, noch ein paar Mal wiederkommen – mit 13 hatte ich dann einen Agenten." Was einer der größten Stars Hollywoods hier so locker im Interview[16] erzählt, steht für zähes Ringen und Durchhalten im Kampf um Erfolg. Auch Leonardo DiCaprio hat einen langen, aber ebenso besonderen Weg hinter sich: Der im Jahr 1974 in Los Angeles als Sohn einer deutschen Mutter und eines italienischstämmigen Vaters geborene Künstler spielte bereits mit 15 unter Robert De Niro im Streifen „This Boy's Life" einen rebellischen Teenager. Mit 19 überzeugte er in der Rolle eines behinderten Jungen in Lasse Hallströms „Gilbert Grape" und bekam dafür eine Oscar-Nominierung. James Camerons Blockbuster „Titanic" machte aus ihm einen Weltstar. Bis heute hat DiCaprio mit Legenden wie Woody

Allen, Ridley Scott, Steven Spielberg, Quentin Tarantino oder Martin Scorsese gearbeitet. Er engagiert sich in den letzten Jahren vermehrt für den aktiven Umweltschutz. Seine Motive dafür – auch die für seine Liebe zur Schauspielerei – bringt er dabei schnell auf den Punkt: „Sehen Sie, wir alle nehmen Ideale unserer Jugend mit ins Erwachsenenleben. Umweltschutz ist neben der Schauspielerei meine große Leidenschaft.“ Darum geht es: Leidenschaft. Schon wieder! Auch wenn man nicht jeden seiner Filme gut findet, dieser Mann schaffte und schafft mit seinem Engagement großartige Leistungen. Leistungsglück ist die treffende und verdiente Folge. Und wieder haben wir einen, der es sich erlaubt hat, zu träumen: von den Idealen seiner Jugend. Was hat ihn damals begeistert? Oder noch wichtiger: Was hat Sie damals begeistert? Die Antworten sind gute Richtungsgeber für Talente, Fähigkeiten und Potenziale, die in uns schlummern, frei nach dem Motto: Was du an anderen bewunderst, liegt sehr wahrscheinlich in dir bereits als Talent angelegt. Es gehört gefunden, ausgegraben, kultiviert und entwickelt, dazu sind oft viele Schritte und auch Fehltritte notwendig. Genauso wie unser guter Leo, der bald merkte, dass sein Breakdancer-Outfit bei seiner damaligen Zielgruppe gar nicht angesagt war. Und obwohl er es selbst gut gefunden hatte, entschied er: Weg damit! Ändern. Bis es passt. Das ist ein schönes Beispiel dafür, dass der Köder nicht dem Angler, sondern dem Fisch schmecken muss.

DiCaprio dreht aktuell mehrere Filme pro Jahr. 2013 waren das „Django Unchained“ (Tarantino), „Der große Gatsby“ (Luhrmann) und „Wolf of Wall Street“ (Scorsese). Auf die Frage, wie sich das nach einem Jahr anfühlt, antwortet er: „Also am Ende dieses Jahres fühle ich mich eher so, als hätte ich nonstop gearbeitet, seit ich 13 bin. Ich muss mal eine Auszeit nehmen. Dieses Jahr war wie ein einziger Adrenalinschub. Es ist viel zusammengekommen – aber es waren eben sehr reizvolle Projekte." Leute wie er geben Gas, richtig viel Gas. Sie gehen streckenweise über ihre Grenzen, was kurzfristig für viele machbar ist. Wenn der Reiz, das Ziel, wertvoll genug ist, wachsen wir über uns hinaus und schaffen etwas Großartiges: im Kleinen und Verborgenen genauso wie auf der Bühne der Welt. Erfolg gehört nicht exklusiv den Weltstars, er ER-FOLGt für jene, die sich immer engagieren und hineinknien, manchmal vielleicht sogar in den Dreck. Für wen etwas wirklich Sinn macht, den stört das auch nicht weiter. Wir brauchen Sinn in unserem Tun. Und wenn wir diesen entdeckt haben, dürfen wir einfach so lange unsere Handlungen und unser Denken verändern, bis wir dazu die gewünschten Ergebnisse bekommen. So wie es DiCaprio mit seinen Breakdancer-Klamotten und seinem Breakdancer-Haarschnitt gemacht hat.

Für mich hieß das vor einigen Jahren, meinen sicheren Trainer-Hafen zu verlassen, mein eingeschworenes Trainer-Team, Menschen, mit denen ich eine richtig gute Zeit gehabt hatte und die ich schätzte, um zu neuen Ufern aufzubrechen. Nicht weil die alten schlecht waren, sondern weil sie mich nicht mehr gefordert haben. Wenn etwas zur Routine wird, fängt es an, mich zu langweilen. Während andere auf Routine und Sicherheit stehen, brauche ich das Gegenteil: Abwechslung, Veränderung, etwas Neues. Ich entdeckte, dass ich mit Vorträgen vor großen Gruppen mehr Menschen erreichen kann als in kleinen, feinen Seminaren. Ich verabschiedete mich in Freundschaft von meinen Kolleginnen und Kollegen, dankte ihnen für die gemeinsam verbrachte Zeit und die vielen Lernerfahrungen und sagte ihnen, dass es für mich Zeit wird, unter eigenem Namen weiterzusegeln. Die letzten Jahre waren nicht einfach, so allein, aber sie waren es wert, weil ich mehr von dem tun konnte, was mir wirklich Freude macht und meiner Tätigkeit einen Sinn verleiht. Menschen zu inspirieren, anzuregen. Wenn einige von ihnen sagen, dass Anregungen aus meiner Arbeit auch Jahre später für sie sehr wertvoll sind und waren, bin ich einer der glücklichsten Menschen dieser Welt. Ich habe dann das Gefühl, einen Unterschied zu machen, mit meiner Arbeit, zumindest für einige. Aber für die lohnt es sich. Vor Kurzem durfte ich einen Preis entgegennehmen, den „Change-Award“[17], eine Auszeichnung für besondere Veränderung im Beruf. Mit diesem Preis habe ich nicht gerechnet, aber er freut mich, weil er auszeichnet und somit unterstützt, was manchmal dringend notwendig ist: radikale Veränderung. Dazu gibt es immer wieder interessante Unterstützung: Seminare, Bücher[18], Coachings helfen, die eigenen Interessen (neu) zu entdecken und zu leben. Vielleicht fragen Sie sich ja auch manchmal: Was gibt es eigentlich sonst noch?

Eine Internetplattform, die zu genau diesem Thema ins Leben gerufen wurde, ist in den letzten beiden Jahren stark angewachsen: „Whatchado“ (aus dem Englischen: What do you do?) hatte 2011 vier Mitarbeiter und arbeitete auf 16 m^2. 2012 hatten sie sich bereits verdreifacht, also 12 Mitarbeiter auf 130 m^2. 2013 konnte die Mitarbeiteranzahl auf 108 Mitarbeiter gesteigert werden, die nun auf 405 m^2 arbeiten[19]. Warum dieses starke Wachstum? Zwei Männer hatten eine Idee: Sie wollten zeigen, welche Jobs es da draußen gibt. Aber anstatt trockene Beschreibungen dafür ins Web zu stellen, baten sie Menschen aus den verschiedensten Bereichen, über ihren Job zu erzählen. So entstanden über 1.300 Kurz-Videos, in denen Frauen und Männer, Arbeiter, Angestellte, Unternehmer und Führungskräfte, aber auch Künstler über ihren Beruf erzählen. Auf diese Weise kann man sich sehr gut ein Bild davon machen, welche Berufe es gibt, wie sie heißen und was dort zu tun ist. Ich finde diese Idee nicht nur für junge Leute, die auf Jobsuche sind, hervorragend, sondern auch für alle anderen, die sich selbst „neu erfinden“ wollen, weil vielleicht im alten Job die Luft draußen ist oder sie keine Weiterentwicklungsperspektive mehr im bisherigen Beruf sehen. Mit ein paar Klicks entwickelt man ein Profil, danach erhält man verschiedene Job-Vorschläge, die zu den eigenen Wünschen passen. Prozentuell angepasst. Das ist zwar weder hoch wissenschaftlich noch besonders ausführlich – 14 Fragen sind da doch etwas wenig, –, allerdings kann man sich hinterher am „Video-Buffet" bedienen und tatsächlich etwas in der möglichen eigenen Arbeitswelt von morgen schmökern. Gut, die „Kindergartenassistentin" ist jetzt nicht mein Traumberuf, auch wenn er laut dem Profil zu 86% zu mir passt. (Es zeigt allerdings die hohen Anforderungen, die im Sinn von Abwechslung, Herausforderung, Flexibilität an diesen Beruf gestellt werden. All das ist mir auch wichtig.) Der „Business Developer" mit 90% Trefferquote ist da schon eher meines. Ich beschließe, vorerst Unternehmer zu bleiben, Vorträge zu halten, zu forschen, Bücher zu schreiben, Menschen zu begeistern und zu begleiten. Ich mag meinen Job, das wird auch im Vergleich mit den vielen anderen Möglichkeiten für mich spürbar. Aber diese „Whatchado"-Idee finde ich klasse. Das junge Start-up-Unternehmen rund um Ali Mahlodji und Jubin Honarfar ist kurz vor dem Expansionssprung von Österreich nach Deutschland und hat in den letzten Jahren viele Preise[20] für dieses Projekt gewonnen. Für Unternehmen ist es eine gute Möglichkeit, sich zu präsentieren und so interessante und interessierte Nachwuchskräfte auf sich aufmerksam zu machen. Bereits 80 Unternehmen aus drei Ländern nutzen diese Chance und präsentieren sich ebenfalls mit Videos und eigenen Websites. Wenn man durch die Fülle von Möglichkeiten klickt, wird einem erst bewusst, wie groß die Auswahl jedes Einzelnen ist, sich heute produktiv zu betätigen. Eine wunderbare Vielfalt wartet da draußen vor der Tür auf uns! Keiner kann und sollte sich darüber beschweren, einen Job tun zu müssen, der nicht zu seinen Talenten passt. Apropos Talente:

Wir haben so viele, besondere Talente mitbekommen, kleine und große, es liegt an uns, sie zu nutzen!

Wir sind reich. Reich an Talent. Aber auch wirksam?

„Es ist wie mit einem Mann, der auf Reisen ging: Er rief seine Diener und vertraute ihnen sein Vermögen an. Dem einen gab er fünf Talente[21] Silbergeld, einem anderen zwei, wieder einem anderen eines, jedem nach seinen Fähigkeiten. Dann reiste er ab. Sofort begann der Diener, der fünf Talente erhalten hatte, mit ihnen zu wirtschaften, und er gewann noch fünf dazu. Ebenso gewann der, der zwei erhalten hatte, noch zwei dazu. Der aber, der das eine Talent erhalten hatte, ging und grub ein Loch in die Erde und versteckte das Geld seines Herrn. Nach langer Zeit kehrte der Herr zurück, um von den Dienern Rechenschaft zu verlangen. Da kam der, der die fünf Talente erhalten hatte, brachte fünf weitere und sagte: ‚Herr, fünf Talente hast du mir gegeben; sieh her, ich habe noch fünf dazugewonnen.' Sein Herr sagte zu ihm: ‚Sehr gut, du bist ein tüchtiger und treuer Diener. Du bist im Kleinen ein treuer Verwalter gewesen, ich will dir eine große Aufgabe übertragen. Komm, nimm teil an der Freude deines Herrn!' Dann kam der Diener, der zwei Talente erhalten hatte, und sagte: ‚Herr, du hast mir zwei Talente gegeben; sieh her, ich habe noch zwei dazugewonnen.' Sein Herr sagte zu ihm: ‚Sehr gut, du bist ein tüchtiger und treuer Diener. Du bist im Kleinen ein treuer Verwalter gewesen, ich will dir eine große Aufgabe übertragen. Komm, nimm teil an der Freude deines Herrn!' Zuletzt kam auch der Diener, der das eine Talent erhalten hatte, und sagte: ‚Herr, ich wusste, dass du ein strenger Mann bist; du erntest, wo du nicht gesät hast, und sammelst, wo du nicht ausgestreut hast; weil ich Angst hatte, habe ich dein Geld in der Erde versteckt. Hier hast du es wieder.' Sein Herr antwortete ihm: ,Du bist ein schlechter und fauler Diener! Du hast doch gewusst, dass ich ernte, wo ich nicht gesät habe, und sammle, wo ich nicht ausgestreut habe. Hättest du mein Geld wenigstens auf die Bank gebracht, dann hätte ich es bei meiner Rückkehr mit Zinsen zurückerhalten. Darum nehmt ihm das Talent weg und gebt es dem, der die zehn Talente hat! Denn wer hat, dem wird gegeben, und er wird im Überfluss haben.'"[22]

Ich liebe diese Geschichte. Allerdings habe ich sie öfter durchlesen müssen, bis ich sie verstanden habe. Was will uns dieses Gleichnis sagen? Aus meiner Sicht liegt es klar auf der Hand: Jeder von uns hat Talente bekommen. Wenn er diese nutzt, vervielfältigt er selbige, er macht mehr daraus, mehr aus sich. Das wird ihm und anderen zum Lohn werden, in irgendeiner Weise.

Nehmen wir ein klassisches Unternehmen. Darin befinden sich die unterschiedlichsten Mitarbeiterinnen und Mitarbeiter und die verschiedensten Charaktere. Gleich vorweg: Alle sind wichtig. Wenn nur einer seinen Job nicht machen würde, fiele es auf. Manche glauben, dass das, was sie tun, nicht so wichtig ist, doch da irren sie sich. Anna arbeitet in einer Werbeagentur (alle Namen sind frei erfunden), ihr Job ist es, die Post entgegenzunehmen, sie zu öffnen, mit einem Eingangsstempel zu versehen, zu sortieren und anschließend zu verteilen. Das macht sie auch gewissenhaft. Weil sie aber keiner der anderen Mitarbeiter bemerkt oder beachtet – weil alle viel zu sehr mit sich selbst beschäftigt sind –, glaubt Anna, nicht wirklich wichtig zu sein, sie überlegt sogar, sich das Leben zu nehmen. Es würde wahrscheinlich keinem auffallen, denkt sie sich. Also bleibt sie eines Tages einfach zu Hause. Genau an diesem Tag erwartet ihr Chef etwas Wichtiges. Er merkt, dass Anna nicht da ist und sich auch nicht abgemeldet hat. Er beschließt spontan, zu ihr nach Hause zu fahren, um nachzusehen, ob alles in Ordnung ist. Sie können sich sicher vorstellen, wie überrascht Anna war, als ihr Chef vor der Tür stand und ihr sagte, sie habe ihm gefehlt. Am nächsten Tag kam sie wieder voll Freude in die Arbeit. Anna hat andere Talente als ihr Chef, klar, deshalb ist auch er der Leiter der Kreativ-Abteilung und nicht sie. Aber ihre Arbeit ist ebenfalls wichtig. Und inzwischen tut sie Anna wieder gerne. Weil sie weiß, dass es auffällt. Zumindest einem[23]. Sie muss dabei gar nicht viel reden, so wie Heike, die am liebsten mit den Kunden telefoniert, Probleme löst und die Leistungen der Firma verkauft. Anna könnte sich niemals vorstellen, den ganzen Tag mit anderen reden zu müssen. Lieber sortiert sie die Post. Heike dagegen könnte sich niemals vorstellen, allein in einem Büro die eingehende Post zu öffnen und zu sortieren, und das jeden Tag. Ihr Chef übrigens auch nicht. So ist im Idealfall jeder an seinem Platz, und zwar an dem, wo er seine Talente am besten einsetzen kann, was auch immer diese sind. Abends engagiert sich Heike auch noch zusätzlich bei einem Obdachlosen-Dienst, zweimal pro Woche fährt sie zur Verteilung des Abendessens zur Ausgabestelle. Dafür hat der Chef keine Zeit, er hat abends meistens noch Termine oder Veranstaltungen. Dafür spendet er ein Zehntel seines Einkommens monatlich an eine karitative Organisation. Anna beschließt, eine Abendschule zu beginnen, um ihr Abitur nachzuholen.

Manche haben viele Talente oder viele Chancen bekommen. Sie haben somit auch eine höhere Verantwortung. Von denen, die weniger „bekommen" haben, wird weniger verlangt, aber auch sie können etwas mit dem machen, was ihnen anvertraut wurde. Das Schlimmste ist, gar nichts zu tun. Zu Hause auf der Couch zu sitzen und zu warten, bis sich alles ändert. Und dann noch darüber zu jammern. Über das Wetter, die Politik, die Wirtschaftslage, den Chef, die Kollegen.

Wir alle wissen, dass die gewünschten Veränderungen nicht von allein stattfinden werden. Da helfen auch alle Vorstellungskraft, alles Visualisieren und alle Affirmationen (Wörter und Sätze, die man sich immer wieder vorsagt) nicht. Dafür sollten wir unseren Hintern hochbekommen und anfangen, etwas aus dem zu machen, was wir bekommen haben. Das zu entdecken, ist ein lebenslanger und gleichzeitig spannender Prozess. Er verändert sich auch immer wieder. Das, was mir vor fünf Jahren Spaß gemacht hat, muss nicht zwangsläufig die nächsten 20 Jahre so bleiben. Wir haben die Macht, uns täglich „neu zu erfinden". Manchmal braucht es Überwindung dazu. In der Früh aufzustehen, den Stapel im Büro aufzuräumen, doch noch laufen zu gehen, den Chef nach einer Weiterbildungsmöglichkeit zu fragen, auf meinen Partner zuzugehen und um Entschuldigung zu bitten, den verärgerten Kunden anzurufen, den Job zu wechseln. Das menschliche Trägheitsmoment ist ein großes. Und dieses Veränderungsrad, diesen Umsetzungsmuskel in Gang zu setzen ist meistens weder erfreulich noch einfach. Aber das wurde uns auch nie versprochen. Es trotzdem immer wieder zu versuchen, ist die große Aufgabe, vor der wir alle stehen. Wenn wir es geschafft haben, fühlt es sich großartig an. Zahlreiche Vorbilder zeigen uns, wie es gehen könnte. Jeder von uns ist aber einzigartig, deshalb wird unser Lebensinhalt und der daraus resultierende Erfolg ein ganz anderer sein.

In diesem Buch geht es um herausragende Talente, bekannte Persönlichkeiten, aber genauso um noch wenig bekannte Menschen oder Unternehmen, die sich im Kleinen neu erfunden haben und somit auf dem Weg zum Leistungsglück sind. Mich inspirieren diese Beispiele, denn von ihnen lerne ich ständig, auch mein Bestes geben zu dürfen, ja sogar zu sollen.

Einige Menschen haben den tief liegenden Wunsch, etwas Bedeutendes zu schaffen, dieser muss allerdings erst wieder ausgegraben werden, weil wir oft genug mit Kleinigkeiten, mit Banalitäten, mit Ablenkung beschäftigt sind. Zum Teil werden daraus Ersatzreligionen und -befriedigungen, weil uns der Job, in dem wir tätig sind, frustriert. Wir flüchten in die Welt des Shoppings, des Internets samt Social Media, des Fernsehens oder Tratschens[24] und sind neidisch auf das, was andere erreichen, anstatt es als Antrieb zu nehmen, selbst besser zu werden. Ich war selbst davon betroffen. Als mir meine Arbeit keine Freude mehr machte, versuchte ich mich so oft es ging abzulenken, meistens mit dem Fernseher. Die Stunden, die ich damit verbrachte zuzusehen, wie andere ihren Traum lebten, sind leider zu viele. Heute schaue ich immer noch gerne gute Filme, Nachrichten oder spannende Reportagen an. Aber es hat nicht mehr diesen Ablenkungscharakter, weil ich in meiner Beschäftigung neuen Sinn gefunden habe. Dieser Sinn macht mich innerlich ruhiger. Er gibt mir die Perspektive, etwas Gutes mit meiner Zeit, meinen Talenten zu machen. Er lässt mich anderen helfen, Einzelpersonen, Führungskräften, Mitarbeitern, Teams und Unternehmen. Ich liebe es! Nach wie vor ist es nicht immer leicht und „flutscht" auch nicht ständig. In der Früh aufzustehen, mit Druckereien zu streiten, weil das Druck-Ergebnis nicht so geworden ist wie besprochen, Absagen auf Angebote oder Projektideen zu bekommen, zu merken, dass meine To-do-Liste immer länger und die E-Mails immer mehr werden, sind nicht meine Lieblingsbeschäftigungen. Aber Rückschläge sind leichter zu verkraften, wenn wir eine langfristige Perspektive vor Augen haben und das grundlegende Gefühl, „richtig" zu sein. Das habe ich heute. Und ich wünsche es vielen, vielen Menschen, denn es fühlt sich gut an. Darum schreibe ich dieses Buch. Darum halte ich Vorträge darüber. Darum begleite ich Strategieklausuren und bilde Trainerinnen und Trainer aus. Darum mache ich Trainings und Workshops. Damit immer mehr Menschen mehr von dem entdecken, wer sie sind und was sie können. Auch auf die Gefahr hin, dass jetzt gleich der Eindruck entsteht, gut dastehen zu wollen, möchte ich an dieser Stelle trotzdem ein E-Mail abdrucken, die ich Mitte letzten Jahres erhalten habe und die genau das ausdrückt, worüber ich soeben geschrieben habe. Und eines vorweg und darum geht es mir: Ich bin unglaublich stolz auf solche Teilnehmerinnen, weil sie das Gehörte nehmen und es umsetzen:

„Bei einer längeren Autofahrt hab ich mir mal die CD ‚Wellness im Kopf' angehört und dabei auch ein paar Tipps für einen Lehrgang, bei dem ich unterrichte, bekommen. Dabei ist mir wieder mal durch den Kopf gegangen, was sich so in den letzten zwei Jahren verändert hat, seit ich den ‚Train-the-trainer' gemacht habe, und ich kann es selbst nicht fassen. Auslöser war die Trainerausbildung. Ich habe einfach das Vertrauen und überhaupt das Wissen über meine Fähigkeiten bekommen und damit hat eines das andere ergeben. Ich habe viel geschafft seither, bin mittlerweile auch auf wissenschaftlicher Basis eine gefragte Frau und bin stolz auf mich und weiß, es ist immer noch erst ein Anfang, weil so viele Wege und Türen noch offenstehen. Das wollte ich Dir in meinem E-Mail kurz gefasst schreiben und Dir noch mal Danke sagen dafür, und ich habe mir gedacht, Du freust Dich sicher, wenn so ‚mir nichts, dir nichts' von einem Menschen ein E-Mail kommt, der viel bei Dir gelernt hat und das auch mitteilen will."

Ich freue mich ganz besonders, weil es eine Frau ist, die mir das schreibt. Warum? Bei einem Telefonat heute Nachmittag mit einem geschätzten Kollegen meinte dieser im Vertrauen: „Es gibt leider zu wenige gute Rednerinnen", und ich muss sagen, er hat bedingt recht. Vielleicht gibt es ja viele, aber sie trauen sich nicht, dementsprechend aufzutreten. In einer Initiative, die um die Verständigung zwischen Männern und Frauen im Beruf bemüht ist[25], durfte ich einen Artikel beitragen mit dem Titel „Frauen, traut euch!“. Darin geht es um einige interessante Unterschiede, die ich in meinen Seminaren erlebe. Wie stehen die Teilnehmer da, wenn sie sich präsentieren, und wie die Teilnehmerinnen? Was sagen sie über sich, mit welcher Stimme? All das und einiges mehr macht den Unterschied in unserer Wirkung. Und dabei geht es nicht um mehr oder weniger Talent, es geht darum, wie wir auftreten, was wir uns zutrauen und was wir umsetzen.

Die amerikanische Marketing-Legende George Lois bringt es, unabhängig vom Geschlecht, in seinem Buch „Verdammt gute Tipps für Leute mit Talent“ nochmals provokant auf den Punkt. Lois bietet einen kleinen Persönlichkeitscheck an und schlägt vor: „Entweder Sie sind talentiert und fleißig, dann ist das großartig. Sie sind auf dem besten Weg zur Spitzenleistung.“ Wenn man Talent hat, aber faul ist, sagt er, ist es eine Schande: „Schämen Sie sich. Sie haben Talent, aber sind faul.“ Außerdem gibt es die Kategorie weniger talentiert (dumm, um ein unschönes Wort zu gebrauchen): „Wenn Sie dabei faul sind, ist es umso besser. Sie machen wenig kaputt.“ Die vierte und letzte Kategorie ist die Kombination aus wenig talentiert/dumm und fleißig, das ist gefährlich. Dieser Schnellcheck ist natürlich mit einem Augenzwinkern zu lesen, birgt aber doch einen Funken Wahrheit in sich und zeigt uns erneut die Verantwortung auf, die Talent mit sich bringt. Egal wo wir stehen, egal woher wir kommen, wer wir sind, ob Mann oder Frau, Talente können und sollen gelebt und weiterentwickelt werden. Apropos lernen …

Das kreative Chaos in unserem Kopf

Wenn Sie den Film *Matrix* gesehen haben, erinnern Sie sich sicher an diese Szene: Eine dramatische Rettungsaktion hat die Helden auf das Dach eines Hochhauses verschlagen. Die einzige Möglichkeit, ihren Freund aus der Hand seiner Geiselnehmer zu befreien, ist der große schwarze Hubschrauber, der dort steht. „Kannst du so'n Ding fliegen?", fragt Neo. Die smarte Trinity kontert: „Noch nicht." Ein kurzer Anruf im Hauptquartier: „Ich brauche die Pilotensoftware für einen B212-Hubschrauber. Schnell!" Während des Downloads direkt in ihr Gehirn vibrieren Trinitys Augenlieder ungefähr drei Sekunden lang. Dann meint sie trocken: „Kann losgehen", und steuert in ihrem coolen Lack-Outfit siegessicher auf den Helikopter zu. Unnötig zu erwähnen, dass der Coup gelingt.

So hätten wir es gerne: die richtige Telefonnummer, null Aufwand, hundert Prozent Erfolg! Aber so funktioniert es nicht. Selbst wenn unser Gehirn ein Computer wäre: Erinnern Sie sich noch an die letzte Einführung einer neuen Software in Ihrem Unternehmen? Ging das völlig reibungsfrei? Gab es keine Probleme mit anderen Programmen? Das Gehirn ist keine Blech- und Plastikkiste mit verlöteten Schaltstellen, sondern ein lebendiges, pulsierendes Organ. Unser Kopf ist keine Speicherkammer für beliebige Versatzstücke und Wissensbestände. Stattdessen sorgen komplexe Filter- und Verarbeitungssysteme dafür, dass zueinanderpasst, was wir aufnehmen und im Gedächtnis abspeichern. Natürlich gelingt das nicht so mühelos wie die Call-and-order-Episode in *Matrix*. Aber der Filterungsvorgang ist sinnvoll: Das, was uns wichtig ist, fällt uns auf, wir nehmen es wahr und wir merken es uns leichter. Unsere Ziele sind mitunter für das Setzen der unbewussten Filter verantwortlich. Sie wollten einmal einen Wagen kaufen? Vielleicht einen schönen Golf oder einen schicken BMW? Was fuhr ab diesem Zeitpunkt der Entscheidung auf der Straße herum? Genau diese Fahrzeuge, oder? Waren sie vorher auch schon da? Ja. Haben wir sie wahrgenommen? Nein. Weil sie nicht wichtig waren. Mit dem Zeitpunkt der Kaufentscheidung werden sie wichtig und ab dann nehmen wir sie auch wahr.

Der Wunsch vom mühelosen Lernen ist vermutlich so alt wie die Schule und wurde schon vor hundert Jahren auf die Schippe genommen: Eine Karikatur zeigt, wie der Lehrer dicke Bücher in eine Maschine stopft, die sie zermalmt und den glücklichen Schülern die einzelnen Inhalte über Drähte direkt ins Gehirn transportiert. Gut, dass es nicht so läuft! Denn Lernen ist ein Prozess. Und zwar ein individueller. Der beginnt vor unserer Geburt und endet mit dem letzten Atemzug (das ist jedenfalls, was wir gesichert wissen). Und so war es schon immer – lange bevor das Schlagwort vom lebenslangen Lernen aufgekommen ist.

Bei den Themem Lernen, Informationen verarbeiten und Ziele setzen geht es zuerst um unser eigenes Leben. Fremde haben in unserem Kopf nichts zu suchen. Das ist jedoch alles andere als selbstverständlich und schwierig genug: Unablässig dringen Informationen auf uns ein. Zufällig oder gezielt, von außen oder aus unserem Inneren, Reize unterschiedlichster Art: physiologisch, geistig, emotional und heutzutage zunehmend technisch und virtuell. Wir sind ständig damit beschäftigt, zu filtern, zu vergessen, Zusammenhänge herzustellen, Prioritäten zu setzen, unsere Aufmerksamkeit zu fokussieren. Allein unsere Augen senden jede Sekunde gut zehn Millionen Bits ans Hirn. Nimmt man die anderen Sinne (Schmecken, Riechen, Fühlen, Hören) hinzu, kommt man auf eine Milliarde Reize pro Sekunde – von außen. Unser Bewusstsein verarbeitet hingegen maximal 60 Bits in der Sekunde. Wir nehmen nur rund sieben Informationseinheiten (sogenannte Chunks) gleichzeitig auf, das ist die Kapazität unseres Kurzzeitgedächtnisses. Offensichtlich benötigt dieser Ansturm eine drastische Auswahl. Realitätstauglich sollte sie zudem auch noch sein, und das ist gut so. Oder wollen Sie ständig wissen, wie sich Ihr kleiner linker Zeh gerade anfühlt? Es ist schlicht nicht wichtig, unterstelle ich. Bis jetzt, wo ich mir erlaubt habe, Ihre Aufmerksamkeit darauf zu lenken. Alles okay mit dem kleinen Zeh? Gut, dann können wir ihn wieder vergessen und die Aufmerksamkeit anderweitig nutzen. Worum es dabei im Kern geht: die chaotische Unmasse an Eindrücken mit dem abzugleichen, was wir sind. Wir selbst. Wir erkennen Dinge wieder, wir mögen bestimmte Menschen, wir halten etwas für wichtig. So eignen wir uns Wissen an. Das andere rauscht an uns vorbei. Das ist nicht „objektiv“ – aber es funktioniert. Ständiges Lernen ist nicht nur ein Megatrend, sondern eine Notwendigkeit für uns alle auf dem Weg zum Leistungsglück. Über das Lernen gibt es viele Gerüchte. Ende der 1950er-Jahre sorgte der Werbemann James Vicary für große Aufregung: Er behauptete, in einem populären Spielfilm für ein paar Millisekunden die Botschaft „Trinkt Cola, esst Popcorn“ eingeblendet zu haben. Der Umsatz des Getränks und der Popcorn-Absatz seien in der Pause eklatant in die Höhe gegangen. Die Branche war begeistert, die Kritiker sahen das Abendland in Gefahr. Eine ganze Reihe von Büchern zur „subliminalen Beeinflussung“ kam heraus – ungeachtet der Tatsache, dass Vicary Anfang der 1960er zugab, das Ganze frei erfunden zu haben. Die Forschung zeigt: Ja, wir können beeinflusst werden – in einer Richtung, die wir selbst bereits eingeschlagen haben. Deshalb sind Werbeanzeigen effektiv, die das Passende zu unseren Anfragen in einer Suchmaschine präsentieren oder Bezug nehmen auf etwas, das wir in einem Online-Versand bestellt haben. Google und Amazon verdienen viel Geld damit. Für tief sitzende Ängste gibt es keinen Grund: Uns im Alltag mit irgendwelchen Psychotricks ganz neue Ideen und Kaufimpulse einzuimpfen, ist nicht machbar, zumindest noch nicht. Wir nehmen auf, was wir einbauen können. Was zu unserer Erfahrung, zu vertrauten Mustern, in unsere „innere Weltkarte“ passt. Andere Dinge halten wir für Täuschungen, Irrtümer oder Traum beziehungsweise nehmen wir sie gar nicht erst wahr. Dieses Verfahren gibt uns Schutz und Stabilität. Wären wir ungefiltert unseren Sinneseindrücken ausgeliefert, würden wir in Chaos, Aufregung und Desorientierung versinken. Diese lebenslange Arbeit am Zusammenhang setzt aber auch Grenzen: So fällt es uns schwer, etwas zu lernen, das wir nicht mögen.

Lieb gewordene Überzeugungen legen wir nur ungern ab. Selbst wenn die Fakten deutlich gegen sie sprechen, versuchen wir erst einmal, uns mit Umdeutungen aus der Affäre zu ziehen. Ein Beispiel: Theoretisch wüssten wir, dass es besser wäre, laufen oder spazieren zu gehen, stattdessen landen wir auf der weichen Couch vor dem schönen Flachbildfernseher, begleitet von einer kleinen Tafel leckerer Schokolade. Der Gedanke dabei könnte sein: „Ich muss mich auch mal entspannen“, oder: „Das tut mir jetzt gut“, und das ist auch nicht falsch. Wieder ist es eine Frage der Dosierung. Bei diesem Verhalten ist sicher Wachsamkeit uns selbst gegenüber gefragt. Das heißt aber nicht, dass wir für immer in einem konservativen selbsterhaltenden System feststecken. Wobei die Betonung hier auf dem „feststecken“ liegt. Um eine grundlegende Einsicht kommen wir jedoch nicht herum: Wir können uns nur von dort weiterentwickeln, wo wir stehen. Ein Sprung in eine andere Biografie ist nicht machbar. Der verheiratete, übergewichtige Mann ist nicht von heute auf morgen ein durchtrainierter Single in einem komplett anderen Job. Die junge Frau, die in ihrer Kindheit lieblose Eltern hatte und sich mit ihrer Selbstsicherheit schwertut, ist nicht von einer Minute auf die andere die harte Managerin, die einen Weltkonzern lenkt. (Malen Sie sich für einen Moment eine Welt aus, in der Ihre

Lebens- und Geschäftspartner sich alle naselang tatsächlich „neu erfinden"!) Die gute Nachricht: Veränderung ist möglich, sie vollzieht sich faktisch von Tag zu Tag. Denn was wir an uns heranlassen, in uns aufnehmen, beeinflusst zugleich das Bild, das wir von uns haben, unser Gefühl, wer wir sind. Diese Prozesse können mehr oder weniger unmerklich geschehen. Es gibt aber auch weichenstellende Erlebnisse, die unsere Wahrnehmung und unsere Interessen in eine neue Richtung lenken. Dann gehen wir „mit anderen Augen" durch die Welt und machen ganz neue Erfahrungen. Jeder von uns schreibt permanent seine eigene Geschichte fort und möchte dabei seine Gegenwart in Einklang mit der eigenen Erinnerung bringen.

Sind Sie nicht im Prinzip auch heute noch das freiheitsliebende Mädchen, der grüblerische Junge von damals? Haben Sie nicht andererseits die Unsicherheit zu Beginn Ihres Berufslebens oder irgendwelche einst geliebten Angewohnheiten weit hinter sich gelassen? Erinnerung, Wahrnehmung, Sympathie, Wert, Aufmerksamkeit – es dürfte deutlich geworden sein, dass dieser Prozess keine rein rationale Angelegenheit ist. Wir leben und lernen in einer Bandbreite, die über die Logik weit hinausgeht. Ein gesunder Geist ist wie ein guter Chef: Er weiß, dass er nicht überall zugleich sein kann, er vertraut und delegiert, schaut sich um, stellt sicher, dass der Laden läuft. Da ist es nicht erstaunlich, dass der Löwenanteil unserer Wahrnehmungen und Reaktionen ohne große Beteiligung des Bewusstseins abläuft. Wir erkennen bestimmte Situationen intuitiv. Bewegen uns fast traumwandlerisch zwischen Passanten, Hindernissen und Fahrzeugen, ohne irgendwo anzuecken. Verstehen den emotionalen Gehalt eines Gesichtsausdrucks in der Regel spontan und ohne ein Gutachten zu erstellen. Eine Unzahl an Reaktionsmustern, Drehbüchern und Erfahrungen von Gut und Böse haben sich wie Jahresringe in uns angelagert und legen unserem Bewusstsein die Handlungsalternativen zur Entscheidung vor.

Während Sie sich auf den Text auf dieser Seite konzentrieren, ist Ihr Gehirn mit der Verarbeitung einer gigantischen Menge von Informationen aus Ihrer Umgebung beschäftigt, um im Zweifelsfall Bescheid zu geben, wenn Sie Ihre Aufmerksamkeit auf etwas anderes lenken sollten. Deshalb können wir uns in ein Gespräch einklinken, dem wir gar nicht gefolgt sind, sobald ein Schlüsselwort in unser Bewusstsein dringt. Darum erinnern wir uns in bestimmten Situationen haarscharf an etwas, das unserem Gedächtnis scheinbar vollkommen abhanden gekommen war. In vielen Fällen ist es daher ratsam, auf sein „Bauchgefühl" zu hören. Viel mehr von unserem Denken, Wissen und Lernen, als wir uns gemeinhin klarmachen, ist körperlich. Wir lernen mit und über den Körper. Wir speichern Wissen in ihm ab. Und, ja: Wir brauchen ihn zum Denken! Dennoch hält sich beharrlich eine längst überholte Vorstellung: dass unser Geist so eine Art Pilot ist, der die ihn umgebende Hülle ohne unser aktives Zutun steuert. Offenbar haben wir eine Vorliebe für Hierarchien und einsame Helden, für einfache Erklärungsmuster und klare Grenzen. Vielleicht sind es auch nur kulturelle Altlasten. Jedenfalls sprechen alle Forschungsergebnisse und all unsere Lebenserfahrung dagegen. Wir haben keinen kleinen Mann im Kopf (oder eine Frau). Unser Körper ist nicht wie ein Esel, auf dem wir reiten. Auch wenn der heilige Franz von Assisi das gesagt hat. Wir sind untrennbar beides: Lenker und Gefährt. Beim Kaltduschen will der Körper schnell weg vom kalten Wasser, der Verstand hält ihn noch zurück, es soll gesund sein. Wer setzt sich in diesem internen Ringen durch?

Unser Denken ist nicht auf die Hirnschale begrenzt. Und unsere Persönlichkeit endet nicht an der Oberfläche unserer Haut. Solange wir leben, ist alles miteinander verknüpft und wirkt aufeinander – vor und zurück: unser Denken, Empfinden, unser Körper, unsere Welt.

Ohne leibliche Erfahrung bliebe unser Denken blind und taub. Erklären Sie Ihrem Kinde einmal theoretisch, wie gut es sich anfühlt, in den Arm genommen zu werden, geliebt zu werden. Oder tun Sie es einfach, sogar ohne Worte. Unser Gehirn ist aber nicht bloß ein Datenspeicher und -prozessor. Es schaut sich nicht lediglich die Filme an, die über die innere Leinwand flimmern. Es bildet Modelle der Welt „da draußen", macht Vorhersagen und schaut, ob das Ergebnis übereinstimmt. Dabei geht es kreativ, neugierig und kritisch vor und setzt den Körper aktiv zur Erkundung ein. Schon ganz grundlegende Wahrnehmungen wie das dreidimensionale Sehen sind nur mit körperlichem Einsatz möglich. Erst die unablässigen Augenbewegungen sammeln die erforderlichen optischen Daten. Eine leichte Kopfbewegung hilft uns zu verstehen, wie die Dinge im Raum angeordnet sind: Ich nehme zum Beispiel in einem Park wahr, dass der kahle Baum weniger weit von mir entfernt ist als ein in voller Blüte stehender. Nur weil wir selbst uns bewegen, verstehen wir, was sich bewegt und was stillsteht. Von hier aus entwickeln wir unsere Auffassung von Geschwindigkeit und Rhythmus. Unsere Welt ist bevölkert von beseelten und unbeseelten Körpern (also Dingen), wir erfahren und erforschen sie mit unserem Körper, wir erfassen und begreifen sie in leiblichen Kategorien.

Deshalb reicht eine Pilotensoftware nicht, um einen Helikopter zu fliegen. Das gelingt nur der schönen Trinity im Film. Und auch nur, weil sie sich in einem Computerspiel bewegt, wo man wunderbarerweise Outfits, Ausstattung und zusätzliche Leben „laden" kann. Vielleicht erinnern Sie sich noch, wie Sie das Autofahren erlernt haben. Das Gelingen stellt sich nach einer mehr oder weniger langen Trainingsphase ein, wenn Sie die körperlichen Handgriffe so weit automatisiert und die Verhaltensregeln in einem Ausmaß internalisiert haben, dass Sie nicht mehr darüber nachdenken müssen. Dann bewegen Sie sich mühelos im Verkehrsfluss und können Ihre Aufmerksamkeit locker über das Geschehen gleiten lassen. In der Gewissheit, handlungsrelevante Situationen sofort zu erkennen und hoffentlich zu meistern. Das gilt umso mehr für einen Hubschrauber. Durch seinen Schwerpunkt und speziellen Auftrieb ist er vor allem beim Starten und Landen alles andere als stabil. Der Pilot muss ihn durch ständige Gegensteuerung mit beiden Armen und Beinen im Gleichgewicht halten. Dieses komplexe Feintuning erlangt man nur durch Tun und durch körperliche Erfahrung. Ich habe das einmal am Salzburger Flughafen probiert. So eine Flugstunde mit einem Helikopter ist schon etwas Besonderes. Es war unglaublich, wie sensibel der kleine Joystick in der Mitte auf jede Bewegung der Hand reagierte. Mein Fluglehrer forderte mich auf, den Hubschrauber ruhig zu halten. Obwohl wir uns nur wenige Meter über dem Boden befanden, gelang mir das aber nicht. Keine Chance. Gott sei Dank war er da, um gegenzusteuern. Wahrscheinlich hätte ich mir früher doch eine Playstation zulegen sollen, Spiele-Freaks und Joystickerprobte Kampfhelden sind da sicherlich im Vorteil.

Das Gehirn ist allerdings kein Pilot, der oben in unserem Körper im Cockpit sitzt. Als isoliertes Organ ist so ein Hirn eine traurige Sache. Man findet es in den Lehrsammlungen der Pathologie. Ein grauer Klops, der in Formalin schwimmt. Rund eineinhalb Kilo Nervengewebe, hauptsächlich Wasser, ein bisschen Protein und Fett. Hundert Milliarden inaktive Neuronen. Unzählige verpasste Chancen. Als lebendiges Organ ist unser Gehirn eingebunden in unsere körperlichen Kreisläufe, den unablässigen Austausch mit dem Input unserer Sinne, die soziale Umgebung, die Welt des Geistes. Versorgt mit Blut, Nährstoffen, Reizen, Informationen wird aus dem grauen Klops ein gigantisches, turbulentes, dynamisches, kreatives Netzwerk. Jeder von uns verfügt über so viele Nervenzellen, wie es Sterne in der Milchstraße gibt. Und jede einzelne von ihnen ist direkt mit tausend anderen vernetzt. Der längste Dienstweg von einem Neuron zum anderen beträgt vier Schritte. Das müssen unsere Unternehmen erst mal nachmachen. Es gibt Zuständigkeitsbereiche, Aufgaben werden bei Bedarf aber auch neu verteilt. Das Ganze lebt von ständig wechselnden komplexen, übergreifenden Zusammenschaltungen. Permanent werden neue Muster erprobt und alte überprüft. Unser Gehirn bleibt bis zum letzten Atemzug aktiv und lernbereit. Ist das nicht erstaunlich? Kommunikation, Vernetzung, Kooperation, Wechselspiel, Ausprobieren, Aufgabenteilung, Feedback, Lernen, Aufmerksamkeit, Kontakt, Kreativität – in der Spitzenleistung, die unser Gehirn (übrigens mit deutlich geringerem Energieverbrauch als ein Computer) unermüdlich zustande bringt, kommt bereits eine ganze Reihe von Schlüsselbegriffen zur Sprache, denen Sie im Verlauf dieses Buchs immer wieder begegnen werden. Guten Flug! Und lassen Sie uns daran denken, dass ständiges Lernen – bewusst und unbewusst – zu einem weiteren Geheimnis des Leistungsglücks zählt.

Ich würde ja so gerne, aber …

Wissen allein ist noch keine Macht. Angewandtes, gelebtes Wissen ist tatsächliche Macht. Und Leistungsglück ist eine Folge steter Überwindung. Wenn wir etwas tun, worauf wir eigentlich keine Lust haben, aber von dem wir wissen, dass es etwas bringt, fehlt nur noch der richtige Gedankenfunke, um das Feuer der Handlung auszulösen. Das kann der nächste Schritt sein, zum Beispiel rein in die

Laufschuhe. So geschehen bei der letzten Weihnachtsfeier mit dem 5-Sterne-Team im schönen Donauland. Was war passiert? Die Nacht war kurz, Essen und Alkohol reichlich, der Morgen früh, kalt und grau. Wie sich mein Körper wohl anfühlt, wenn ich trotzdem laufe? Gedankenkreise am frühen Morgen, kurz bevor der Wecker tatsächlich losgeht. Okay, ich bleibe noch kurz liegen. Mist! Zehn Minuten später scheint die Aufstehhürde immer noch unüberwindlich. Wie machen das all die Frühaufsteher? Ne, komm, gestern hab ich noch erzählt, dass ich heute laufen gehe. Da kann ich doch nicht beim Frühstück sagen, ich war doch nicht, das wäre peinlich.

So viel zur externen Motivation. Aber die hilft tatsächlich der internen auf die Sprünge, also ab in die Laufschuhe – raus mit meinem müden Körper. Bis auf ein paar ältere Frauen, die sich auf dem Weg in die Kirche befinden, scheint alles zu schlafen in diesem kleinen Ort namens Gundelfingen. Egal, jetzt bin ich unterwegs und froh darüber. Ein Feldweg zwischen Gundelfingen und Lauingen scheint mir ideal, um mein Tempo zu erhöhen, denn da muss ich schnell durch. Eine Melodie, die ich summe, hilft den Fokus zu halten, weg vom Unangenehmen, hin zum Angenehmen. 30 Minuten später bin ich wieder zurück im Hotelzimmer. Das Gefühl, seelisch und körperlich, ist beim anschließenden Duschen ein sehr Schönes. So oft haben wir alle möglichen Ausreden bereit, die belegen, warum wir etwas nicht tun können. Eigentlich wollen wir nicht. Aber wenn das Ziel oder die Situation, die vor uns liegt, etwas ist, das uns vielversprechend scheint, bringen wir auf einmal alle möglichen Energien auf, um zum Beispiel um 4.00 Uhr Früh aufzustehen und in den Urlaub zu fahren. Hätten wir diese Energie und Freude in unserer Arbeitswelt, wäre vieles radikal anders. **Die, die wollen, finden Wege, die, die nicht wollen, haben Gründe.** Wir sind gut, schnell und kreativ, wenn es darum geht, Ausreden zu finden. Das Gute dabei ist: Wir können jederzeit anders, neu denken und handeln. Alles, was wir tun, ist getrieben von dem doppelten Wunsch, Schmerz zu vermeiden und Freude zu erfahren. Das können wir nutzen! Wenn wir uns etwa öfter Gründe vorstellen, warum wir ein neues, erwünschtes Verhalten zeigen sollten (wie uns selbstständig machen, nach einer Beförderung oder neuen Verantwortung fragen usw.), steigern wir die Chance, es tatsächlich zu tun. Wir sollten uns vor allem die positiven Konsequenzen vor dem geistigen Auge ausmalen und auch die negativen, die wir vermeiden, und schon startet unser innerer Antrieb etwas leichter. Natürlich haben wir keine Garantie, dass unser Vorhaben dann funktioniert, aber wir steigern die Erfolgswahrscheinlichkeit. Und das lohnt sich allemal!

Ein anderes Beispiel für diesen „Kenne deine Gründe"-Ansatz: Es ist Sonntagabend, kurz nach 19.00 Uhr, und ich sitze in einem Airbus A320 auf dem Weg nach Palma de Mallorca. Drei Redner-Kollegen und ich werden einige Tage dort verbringen, um uns über unsere Erfahrungen auszutauschen und gemeinsam Pläne zu schmieden. Auch lernen wollen und werden wir voneinander. Was für ein Privileg. Ich mag meinen Job. Dieses Treffen hätte es allerdings nicht gegeben, wenn nicht einer von uns den Vorschlag gemacht hätte und die anderen spontan zugestimmt hätten, ganz im Sinne der entspannten Einstellung: „Ob wir uns in Berlin, München, Salzburg oder Palma treffen, ist ja auch schon egal, es wird Reisezeit und Kosten verursachen und da es gerade November ist, warum nicht einfach ab in den Süden?" Gesagt, getan. Das Hotel war schnell gefunden, Flüge und Mietwagen ebenso rasch gebucht. Die Zeit dort war genial, obwohl wir sogar mehr gearbeitet haben, als ich ursprünglich geplant hatte.

Wenn wir wissen, was wir wollen, finden wir auch Wege.

Wenn wir wissen, was uns voranbringt und uns guttut, brauchen wir diese Wege lediglich einzuschlagen und zu gehen.

Der Mann mit dem unaussprechlichen Namen

Das bekannte Flow-Konzept stammt von einem Mann, den ich bereits erwähnte: Er hat einen besonderen Namen, ist ungarischstämmiger Forscher und Wissenschafter und lebt in Amerika. Mihály Csíkszentmihályi. (Ja, das kann man tatsächlich aussprechen: „Tschiksentmihai".) In vielen Beispielen macht der Psychologe deutlich, wie der Flow-Zustand aussehen könnte. Zwei möchte ich aufzeigen: „Bei einem guten operativen Eingriff ist alles, was man tut, wesentlich, jede Bewegung ist absolut richtig und notwendig; da ist Eleganz, nur wenig Blutverlust, minimales Trauma ... Das ist sehr angenehm, vor allem wenn das Team reibungslos und effizient zusammenarbeitet." Angenommen, das stammt von einem berufenen Arzt, der seine Arbeit mit Leidenschaft ausübt, klingt das nachvollziehbar. Für viele von uns erschließt sich diese Welt nicht in diesem Umfang, wie denn auch? Wir haben weder die Ausbildung noch die Fähigkeit, eine Operation durchzuführen. Das zeigt auf, dass wir dort gut werden können und sollen, wo unsere Leidenschaft liegt. Damit hat alles zu tun. Auch im nächsten Beispiel wird dieser wunderbare Zustand nachvollziehbar beschrieben: „Die Aufgabe stellt solche Anforderungen und ist so reich in ihrer Komplexität und Anziehungskraft ... Man taucht gewissermaßen ein in das, was um einen herum vorgeht, in den Felsen, in die entsprechenden Bewegungen ... In die Suche nach einem Halt für die Hand ... Und nach der richtigen Position des Körpers ... Das absorbiert einen so stark, dass man das Bewusstsein der eigenen Identität verlieren und eins mit dem Felsen werden könnte." Herrlich, wie dieser Kletterer, dessen Namen ich nicht kenne, seine Tätigkeit in Worte fasst. Es beschreibt jene Momente, in denen wir die Zeit vergessen, manchmal sogar Ort und Raum. Wir tauchen ein in etwas, das uns fasziniert. Kinder sind ein wunderbares Beispiel für Fokus: Wenn sie von etwas eingenommen sind, fragen sie selten, was wir noch am Abend oder morgen machen werden, da zählt nur das Hier und Jetzt. Auch Kinder sind somit im „Flow".

Der „Flow" ist eine wichtige Voraussetzung für Leistungsglück. Manchmal schafft man sich selbst den Rahmen, um dieses Glück zu erleben. Immer mehr Menschen machen sich selbstständig und werden als sogenannte EPUs aktiv, Ein-Personen-Unternehmen. Das ist eine hervorragende Möglichkeit, sich eine Aufgabe zu suchen und einen Rahmen zu schaffen, in dem genau dieses Erlebnis möglich wird. Das bereits im Vorwort zitierte Magazin machte es sogar zu seinem Titel-Thema: „Glücklich im Job – Wie Sie wieder mehr Spaß an Ihrer Arbeit finden". Diese Tatsache zeigt die Aktualität und Wichtigkeit des Themas. In diesem Artikel findet sich ein weiteres, gutes Beispiel für einen cleveren Unternehmer, der sein Glück im Handwerk erlebt[26]. „Ich fange jeden Tag etwas an oder stelle etwas fertig, hinter dem ich stehe. Das macht meine Grundzufriedenheit aus – im Job und überhaupt", Andreas Gronau, 30, Bootsbaumeister. Seit 2002 konstruiert und baut er klassische Jollen, Yachten und Arbeitsboote in seiner Werft in Helmstorf in Schleswig-Holstein, in der Nähe der Ostsee. Außerdem restauriert und repariert er Boote. Angefangen hat alles mit einem Praktikum. „Ich habe das große Glück, in einem Beruf zu arbeiten, der mir vom ersten Tag an Spaß gemacht hat und in dem ich mich auch in 40 Jahren noch sehe. Sicher auch, weil der Holzbootsbau so unterschiedliche Facetten hat und so anspruchsvoll ist. Alle Bereiche des Holzhandwerks gehören dazu, außerdem Schlosserarbeiten, Mastbaum und Segel machen. Ich habe die Freiheit, mir ein Holzboot auszudenken, es zu zeichnen, es zu planen. Und anschließend habe ich alle Maschinen und Werkzeuge, um dieses Boot auch zu bauen. Mit meinen Händen, in meiner Werkstatt. Außerdem ist es schön, eine alte Tradition zu bewahren. Diese Zufriedenheit ist mir wichtiger als das große Geld. Ich habe keine ausschweifenden Hobbys. Ich habe meinen Hund, mit dem gehe ich sehr gerne und lange spazieren. Ansonsten bin ich in meiner Halle. Im Moment baue ich am liebsten Smakkejollen, früher wurden diese einfachen Segelboote zum Fischen und für Transporte benutzt. Der Start in die Selbstständigkeit war ein Sprung ins kalte Wasser. Mit anfänglichen Durststrecken. Heute ist es so, dass ich für ein Jahr im Voraus ausgebucht bin. Und unsere alte Bootshalle auf dem Gutshof lockt oft Besucher an. Bald soll es hier noch eine kleine Galerie und ein Kulturprogramm geben. Das passt perfekt in meinen Glücks- und Lebensplan." Es ist schwierig genug, für sich selbst das „Richtige" zu finden, trotzdem ist und bleibt es ein lohnenswerter Prozess.

Noch spannender wird es, wenn man Verantwortung für andere Menschen hat, zum Beispiel als Führungskraft. Dann gilt es, Talent mit Anforderung zu kombinieren, um den Flow, Leistungsglück und Spitzenleistung dauerhaft zu ermöglichen. Als Bild dargestellt, eignet sich ein einfaches Diagramm. Im Wesentlichen geht es um zwei Dimensionen: einerseits die Anforderungen einer Aufgabe, andererseits um unsere Fähigkeiten, selbige zu lösen, zu bewältigen. Je besser diese zwei Dimensionen zusammenpassen, desto eher sind wir im Flow. Es ist der „Zustand höchster Konzentration und völliger Versunkenheit in eine Tätigkeit" wie es sogar im Duden nachzulesen ist. (Siehe Grafik.)

Auf der einen Seite steht die Anforderung, die Komplexität der Aufgabe. Auf der anderen Seite ist unsere Kapazität, un-

Der „Flow-Kanal“ zeigt, wo wir Bestleistung erbringen können.

sere Fähigkeit, unser Talent. Das heißt, jemand mit einem hohen Talent, mit einer hohen Kapazität ist geeignet für hohe Anforderungen. Jemand mit einem niedrigen Talent oder mit niedrigen Kapazitäten, mit niedrigen Fähigkeiten wird einfache Aufgaben übernehmen, sich aber wohl dabei fühlen. Nicht jeder ist dazu berufen, Astronaut oder Präsident der Vereinigten Staaten von Amerika zu werden. Ziel ist es allerdings für alle von uns, unseren optimalen Platz in diesem Kanal zu finden, wo auch Spitzenleistung entsteht. Egal, ob im Kleinen oder im Großen. Was passiert, wenn wir neben diesem Flow-Kanal liegen? Dafür gibt es zwei

Möglichkeiten. Bei einer niedrigen Ausprägung von Talent und Fähigkeit wird eine hohe Anforderung, eine komplexe Aufgabe zur Überforderung führen. Nicht kurzfristig, aber mittel- und langfristig. Wenn die Anforderung gering ist, wir aber talentiert und mit vielen Fähigkeiten ausgestattet sind, befinden wir uns im anderen Negativbereich, im Bereich der Unterforderung. Da wird es langweilig. In diesem Fall werden wir früher oder später den Job wechseln oder krank und frustriert sein. Inzwischen gibt es sogar einen Begriff dafür: „Boreout" steht als Pendant zum klassischen Burnout für dauerhafte Unterforderung und kann genauso krank machend sein. Deswegen ist der Flow-Kanal für Leistungsglück die entscheidende Position, denn in ihm tun wir etwas, das uns Spaß macht und gleichzeitig fordert. Dazu braucht es allerdings geänderte Rahmenbedingungen, neues Denken und Handeln. Vielleicht sogar einen radikalen Wechsel unseres bisherigen Zugangs zu verschiedenen Themen wie Unternehmensgestaltung und -führung oder das eigene Arbeitsbild. Damit sich unsere individuellen Talente entfalten können, wir dabei zusammen besser „klingen" und unterm Strich schlicht glücklicher werden. Ermöglichen unsere Systeme das?

Welche Talente
haben Sie
mitbekommen?

Einmal Paradigmenwechsel, dringend! – Der Dreiklang des Erfolgs

Die Pyramide steht Kopf – auch Unternehmen könnten heldenhaft handeln

Viele von uns „landen“ im Berufsleben in einem Unternehmen, einer Einrichtung oder Organisation. Wenige werden selbstständig und sind somit ihr eigener Chef. Auch eine Möglichkeit. Jedes dieser Systeme hat eine hierarchische Struktur, manchmal sogar ein Bild davon. Es gibt Leitbilder und Organigramme. Auf Letzteres möchte ich eingehen, weil es – ob wir wollen oder nicht – unser Arbeitsleben und unseren Fokus prägt, selbst wenn wir uns dessen nicht immer bewusst sind. Meistens sind Organigramme in mittleren bis großen Unternehmen zu finden.

Mein Vater war Handwerker und hatte seine Werkstatt zu Hause, da gab es kein Organigramm, es war schlicht nicht notwendig. Aber auch in diesem kleinen Betrieb existierte eine hierarchische Struktur. Großvater – Vater – angestellter Mitarbeiter und wir Kinder, die im Familienbetrieb mithalfen. In jedem System gilt: Es beeinflusst unser

Leistungsglück. Lassen Sie uns aus diesem Grund so ein Gerüst einmal genauer ansehen.

Bisher glich die Sichtweise von Unternehmen, wie sie auch auf Universitäten gelehrt wird, einer klassischen Pyramide. Die klare Vorstellung in den Köpfen war und ist: An der Spitze steht der Chef, gefolgt vom oberen Management, dann kommt das mittlere Management und zum Schluss die Mitarbeiterinnen und Mitarbeiter. Alles schön top-down. Scheinbar drehen sich die Gedanken in diesem Organisationsbild um Abläufe, interne Kenn-Nummern, Strukturen und Prozesse. Doch es fehlt eine wichtige Person in diesem Organigramm! Die wichtigste Person. Es ist der Kunde, unabhängig davon, ob es sich um den Endverbraucher oder den Geschäftskunden im Business-to-Business-Bereich handelt. Manchmal ist es gut, Ansätze komplett umzudrehen und sogar auf den Kopf zu stellen. Wie wäre es mit folgendem Bild: Die Pyramiden-Spitze ist jetzt unten: zuerst – ganz oben – kommt der Kunde, darauf folgt der Mitarbeiter, der quasi an der „Front“ beim Kunden ist, dann der Abteilungsleiter, das Management bis hinunter zum Chef. Der Chef und das Management bilden eine Anlaufstelle für Fragen oder Ratschläge.

Was verändert diese Umkehrung? Das, womit alles beginnt: unser Denken. Einige Unternehmen haben das bereits begriffen und stellen ihr Bild der Organisation um. Eine schöne Entwicklung. Ich möchte allerdings noch einen Schritt weitergehen und den Kunden – als wichtigste Person im Unternehmen – in den Mittelpunkt stellen. Alles andere, inklusive der Produkte oder Dienstleistungen, die wir verkaufen oder herstellen, kreist somit um diesen wichtigsten Faktor unseres Berufs. Das verändert unseren Zugang noch weiter als das reine Auf-den-Kopf-Stellen der Organisations-Pyramide. (Siehe Grafik.)

Eine neue Darstellung des Unternehmens:
der „Dreiklang des Erfolgs"

Dieses Bild ist ein neuer Ansatz, der einfach beschrieben so aussehen könnte, dass wir die Pyramide auf den Kopf stellen (wie bereits geschehen), somit unten den Chef und die Riege der Führungskräfte platzieren, die Ermöglicher für ihre Mitarbeiter sein sollten. Dann folgen an der linken oberen Ecke die Mitarbeiter, die idealerweise richtig eingesetzt sind und somit Freude an ihrer Arbeit haben, darauf kommen wir später noch ausführlich. In die rechte obere Ecke stellen wir jene Produkte oder Dienstleistungen, mit denen das Unternehmen den Kunden erfolgreicher machen will. Egal, was wir produzieren, verkaufen oder anbieten, es muss einen Nutzen für den Kunden haben. Dazu schadet es nicht, dass der Kunde im Mittelpunkt steht. Die Folge davon ist, dass wir glücklich werden, weil wir etwas für jemand anderen tun können. Und nebenbei erwähnt: Der eigene Erfolg stellt sich danach und bereits währenddessen ebenfalls ein, aber der Fokus ist jetzt ein anderer. Der Kunde oder die Kundin ist die berufliche Daseinsberechtigung jedes Unternehmens. Dieses Bild hat mich dazu gebracht, es „Dreiklang des Erfolgs" zu nennen. Wenn hier alle Beteiligten des Unternehmens zusammenspielen und das Produkt oder die Dienstleistung einen besonderen Nutzen liefert, klingt das für den Kunden in der Mitte einfach gut.

Manche Unternehmen, die ich in den letzten Jahren als Trainer, Berater und Coach begleiten durfte, verändern ihre Organigramme. Der Personalchef einer großen Bank hat einmal zu mir gesagt, das Bild fände er richtig gut, und aus diesem Grund wollte er für die Service-Mitarbeiter eigene Seminare anbieten. Diese sollten etwas über Körpersprache, Kundenbegeisterung und gelungene Kommunikation lernen, meinte er. Das haben wir dann auch getan, die Mitarbeiterinnen waren begeistert. Der Gedanke dahinter war: „Wir wollen unseren Mitarbeiterinnen und Mitarbeitern auch einmal etwas Gutes tun und nicht nur unsere Führungskräfte ständig auf Schulungen schicken." Mitarbeiter mit Kundenkontakt sind die tägliche Visitkarte jedes Unternehmens. Es ist sehr naheliegend, diese richtig gut darauf vorzubereiten, zu schulen, zu unterstützen.

Der Tiger und die Laufschuhe

Manche Chefinnen und Chefs verändern bereits ihre Unternehmensformen, ihre Ausrichtung, ihren Führungsstil, die Unternehmen fokussieren sich auf das Wesentliche: den Kunden, und das ist gut so. Manch einer fragt sich nun vielleicht: Muss jeder mit diesem Veränderungsansatz mitgehen? Die Frage lautet jedoch nicht, ob wir uns mitverändern müssen, sondern ob wir schnell genug sein werden.

Eine kleine Geschichte dazu: Zwei Kollegen aus dem Verkauf machen sich auf den Weg in den Dschungel zum Abenteuerurlaub. Das Zelt ist gepackt, die Wanderschuhe sind angezogen, der Proviant ist mit dabei. Fernab von jeglicher Zivilisation, mitten in der Wildnis, in der wilde Tiere leben, schlagen sie ihr Zelt auf. Sie sind überzeugt, dass wieder einmal ein Abenteuer fällig ist, und zu zweit werden sie schon jede Herausforderung meistern. Sie einigen sich darauf, wer von ihnen die erste Wache schieben soll. Während der für die erste Wache Verantwortliche beim Lagerfeuer sitzt, macht der andere es sich im Zelt gemütlich. Auf einmal stürmt der Wächter vom Lagerfeuer herein und schreit: „Da ist ein Tiger in der Nähe, wir müssen sofort weg!" Daraufhin richtet sich sein Gefährte im Zelt auf und zieht

Das Tempo der Veränderung ist unabhängig von der Umgebung.

seine Laufschuhe an. Sein Freund schreit entgeistert: „Los! Wir müssen weg! Was willst du denn mit deinen Laufschuhen, mit denen kannst doch einem Tiger nicht entkommen?“ Der andere antwortet lapidar: „Dem Tiger will ich nicht entfliehen, es zählt nur, dass ich schneller bin als du!“

Das ist jetzt ein makaberes und höchst unkollegiales Beispiel, das stimmt – verstehen wir es mit einem kleinen Augenzwinkern. Worum es aber im Kern geht, ist Schnelligkeit und Veränderung, beides ist manchmal überlebensnotwendig. Wir kommen nicht umhin, uns mit diesen Themen zu beschäftigen. Manchmal ist der Tiger der Mitbewerb, manchmal sind es die Kollegen, manchmal ist es die Wirtschaft, manchmal sind es andere Dynamiken, mit denen wir konfrontiert sind. Wozu sich auf Veränderung einstellen?

„Das Unternehmen, wie wir es kennen, ist nun 120 Jahre alt und wird die nächsten 25 Jahre nicht überleben. Rechtlich und finanziell schon, aber nicht strukturell und ökonomisch.“ Dieser Satz stammt von Peter Drucker, einem US-amerikanischen Ökonomen österreichischer Herkunft, aufgewachsen in Amerika. Von ihm stammt die bekannte betriebswirtschaftliche Methode „Management by Objectives“, also das Führen mit Zielen, das er bereits 1954 formulierte. Das können finanzielle Ziele oder wettbewerbsorientierte („Wir wollen das beste Seminarhotel Deutschlands werden“) sein, das können aber auch alle möglichen Kennzahlen sein, die es zu erreichen gilt. Der Vorteil ist jeweils, dass diese Ziele messbar sind und somit eine klare Perspektive bieten, in welche Richtung die Investitionen an Zeit und Arbeit von Einzelpersonen oder ganzen Teams gehen sollen. In mehreren Rankings wurde Peter Drucker zum einflussreichsten Managementdenker aller Zeiten gewählt. Auch das Wort „Kernkompetenz“ haben wir ihm zu verdanken, es ist heute aus unserem Business-Vokabular nicht mehr wegzudenken. Im gesamten Veränderungsprozess werden die Ziele von den Führungskräften laufend mit angepasst, um die Energien aller Beteiligten zu bündeln. Dabei erfinden sich immer mehr Unternehmen samt ihrem Angebot neu. In U-Bahn-Stationen asiatischer Großstädte wird gerade ein Projekt getestet, in dem das Angebot diverser Waren in Produktbildern auf Wänden angezeigt wird. Mit dem QR-Code, der auf jedem Produktbild vorzufinden ist, können Kunden ihre Wunschprodukte mit dem Handy einscannen und sich die so gekauften Produkte je nach Belieben entweder gleich nach Hause oder zum Händler ihres Vertrauens liefern lassen. Sie können sich also ganz angenehm um den Einkauf kümmern, während sie auf die U-Bahn warten. Dieses Angebot könnte sogar als Supermarkt der Zukunft bezeichnet werden. Denn die Idee, die dahintersteckt, vereint die Bedürfnisse des Einkäufers unserer Zeit. Sie bietet eine Möglichkeit, Zeit gut zu nutzen. Schnelligkeit zählt, wir wollen zunehmend weniger warten. Wohin uns diese Entwicklung noch führt, bleibt abzuwarten, Gegentrends sind bereits erkennbar („Slow Food“, Vereine zur Entschleunigung der Zeit u.v.a.) Ich bin gespannt, denn da wird noch einiges auf uns zukommen.

Wie es Unternehmen geht, die es verabsäumen, in angemessenem Tempo auf ein verändertes Umfeld zu reagieren, zeigt dieses Beispiel: Die meisten von uns waren einmal im Besitz eines Nokia-Handys (oder Blackberry oder Motorola, um weitere Beispiele zu nennen), heutzutage hat fast keiner mehr eines davon, was ist passiert? Im zweiten Quartal 2010 lag der Anteil der verkauften Smartphones von Nokia noch bei 37% (Statista 2014), das heißt von zehn verkauften Smartphones waren fast vier von Nokia. Damit stellten sie damals klar den Welt-Marktführer. Wo stehen sie heute? Bei nicht einmal 5%! Oder genauer: Im dritten Quartal 2013 waren es nur noch 3,4 Prozent. Damit blieben sie nicht einmal unter den Top 5 weltweit, sondern landeten laut IDC abgeschlagen hinter Samsung (31%), Apple (13%), Huawei, Lenovo und LG (alle ca. 5%). Wer kannte vor einigen Jahren die drei letztgenannten Marken? Dabei produzierte Nokia stets Top-Handys. Manchmal können Tempo und Innovationskraft über Leben und Tod eines Unternehmens entscheiden. „Die Welt“ online titelt am 3. 9. 2013: „Marke Nokia verschwindet von den Smartphones – Am Ende war die Konkurrenz zu mächtig: Der einst unangefochtene Handy-Gigant gibt auf und verkauft sein Kerngeschäft an den Softwarekonzern Microsoft“. Was hat Mitbewerber Apple in der Zwischenzeit gemacht? Nicht nur mit iTunes das Musikgeschäft revolutioniert, sondern mit dem iPad eine neue Produktkategorie entwickelt, auf die derzeit viele Mitbewerber aufspringen, es nachbauen und sogar verbessern. Tablets gibt es schon länger, Apple ist es jedoch gelungen, daraus ein Produkt zu entwickeln, das man einfach haben will, manchmal ohne genau zu wissen wofür. Der App-Store spülte Milliarden in die Kassa der Amerikaner und der Entwickler und bereitet heute Jung und Alt Freude mit sinnvollen Anwendungen, News und Spielen. Aber bleiben wir beim Smartphone bzw. dem iPhone: Bis Dezember 2013 verkaufte Apple die beeindruckende Zahl von 472.000.000 Geräten.

Immer mehr Unternehmen beginnen bereits proaktiv und konsequent mit Veränderungen, setzen den Kunden wie schon beschrieben in den Mittelpunkt. Vom Produkt und der Innovation hin zum besonderen Service, im passenden Tempo, hin zu den Menschen und Verkäufern, die verstanden haben, was in Zukunft wichtig ist, könnte ein „Fahrplan“ sein, der mit seinen Stationen für jedes Unternehmen richtungsweisend sein kann.

Ein internationales Beispiel dazu, das ich aufgreifen möchte, ist ein besonderer Fischmarkt im schönen Seattle, der in den letzten Jahren tatsächlich weltberühmt geworden ist. Vor langer Zeit kam dazu eine Video-Dokumentation auf den Trainer-Markt, die in 15 Minuten prächtig zeigt, weshalb es dieser Fischmarkt zu so einem prominenten Status geschafft hat und warum Kamerateams und Menschen aus der ganzen Welt dorthin „pilgern", um die einzigartige Energie einzufangen. Ich war begeistert von der Art und Weise, wie diese Menschen miteinander und mit ihren Kunden umgehen. Sie haben sich auf vier Säulen in ihrem Tun geeinigt: Sie wollen spielen, anderen Freude bereiten, präsent sein und täglich ihre Einstellung wählen. Dieser Zugang wird für jeden Kunden unmittelbar spürbar. Er ist anders, als er es sonst meistens im Handel erlebt. Besser. Nicht jeder steht darauf, in den Arm genommen zu werden oder beim Fischkauf unterhalten zu werden. Aber auch darauf gehen die Verkäufer ein: Wenn sie merken, dass sie es mit eher schüchternen Personen zu tun haben, werden auch sie ruhiger, keiner wird zu irgendetwas gezwungen. Es ist kein Dauergrins-Theater, sondern eine bewusste Wahl der Einstellung, wie an Kunden, Kollegen und die eigene Arbeit herangegangen wird. Inzwischen gibt es mehrere Bücher dazu, übersetzt in viele Sprachen, sie alle handeln von dieser „Fish-Philosophie". Vor Kurzem musste ich aus beruflichen Gründen in die Nähe und beschloss, einen Abstecher dorthin zu machen, um „nachzusehen", ob dieser Markt bis heute existiert und ob die Mitarbeiter immer noch über diese Energie verfügen, die sie mir in den Filmaufnahmen der DVD vermittelten. Im nächsten Kapitel nehme ich Sie mit auf diesen Ausflug.

Warum um alles in der Welt werden Fische durch die Gegend geworfen?

Es ist vier Uhr Früh. Ich kann nicht schlafen. Draußen ist es noch dunkel. Leide ich unter Jetlag? Ich befinde mich auf der anderen Seite der Weltkugel. In Vancouver, Kanada. Morgen geht der Kongress für die internationalen Redner los, der Global Speakers Summit. Heute ist aber noch ein besonderer Tag, ein freier Tag für mich. Ich werde mir einen Mietwagen nehmen und über die nahe gelegene Grenze nach Seattle in den USA fahren. Diese Stadt ist berühmt für vieles – unter anderem für den Pikes Place Fishmarket. Diesen Markt will ich heute sehen. Warum? Weil er wegen vier besonderen Eigenheiten weltberühmt geworden ist, und auch wenn ich sie vorhin schon erwähnt habe, sie sind so einfach und gut, dass ich sie gleich nochmals anführe: Spiele, bereite anderen Freude, sei präsent und wähle deine Einstellung. Ich bin gespannt, ob die Mitarbeiter, die Verkäufer dort das nach all den Jahren immer noch draufhaben und so leben, wie die DVD es zeigt. Gesagt, getan. Es ist kalt an diesem Morgen, minus fünf Grad. Gott sei Dank ist das Auto schnell aufgeheizt und es geht los Richtung Grenze. An der Grenze wollen die Zollbeamten genau wissen, warum ich komme, wozu ich da bin, wo ich hin will und wann ich wieder abreise. Diese Fragen sind schnell beantwortet und die etwas unfreundlichen Herren tun meiner guten Laune keinen Abbruch. Ich freue mich auf diesen Tag. Wie wird er werden? Was werde ich heute erleben? Ein paar Stunden später erreiche ich diese besondere Stadt.

Also den Markt gibt es noch, das ist schon einmal gut, ich gehe in Stellung. Zuerst beobachte ich aus sicherer Entfernung. Es ist ungewöhnlich ruhig. Normalerweise sind die Fischhändler doch am Schreien, am Werfen, am Spaßmachen mit den Kunden. Warum stehen die nur herum? Ist dieser Spirit, diese Dynamik doch etwas verflogen? Oder zumindest in die Jahre gekommen? Mal sehen, vielleicht tut sich ja noch etwas. Aha, ich bin beruhigt. Ein Fisch wird geworfen! Vom Verkäufer vor der Theke zum Kollegen dahinter. Wozu? Einfach nur, weil es Spaß macht und weil sich dieser Markt radikal neu erfunden hat. Nun stimmt das gesamte Team in den berühmten Teamgesang ein. So nenne ich das jetzt einmal. Einer schreit, was geworfen wird, und alle anderen antworten laut schreiend zurück, sagen damit aus, dass sie diese Botschaft gehört haben. Endlich kommt Schwung in die Bude. Menschen lachen, zücken ihre Kamera, machen Fotos. Kinder, Alte, Junge, Asiaten, Amerikaner, Afroamerikaner, Menschen aus der ganzen Welt. Es füllt sich. Die Kunden stehen im Mittelpunkt, das spüre ich deutlich. Für sie wird etwas Show gemacht, und das ist gut so. Wäre ich sonst von so weit her gekommen, um auch Teil dieser Geschichte zu sein, sie erleben zu dürfen? Dieser Markt lebt den „Dreiklang des Erfolgs", und das finde ich wunderbar. Es müssen mich zwar keine Verkäufer umarmen, aber ich wünsche mir die Hälfte dieser Energie und Aufmerksamkeit bei uns in den deutschsprachigen Ländern.

Ich traue mich, auf den ersten Mitarbeiter zuzugehen. Ob ich ihn für ein paar Fragen kurz stören dürfte? Tajo, so heißt er, sagt gerne ja. Er schaut mich dabei sehr aufmerksam an. Die ganze Zeit während des Gesprächs. Als ob er förmlich darauf gewartet hätte. Die Antworten, die er mir auf meine Fragen gibt, sind interessant. Ob er seine Arbeit liebt und was er daran liebt und auch, was er über den Montag denkt, frage ich ihn. Er mag den Montag. Er liebt seine Arbeit. Er liebt die Kunden. Alles ist für ihn Einstellungssache, auch, dass es heute so kalt ist. Ich könnte das ändern, sollte mich etwas bewegen oder einfach gar nicht die Aufmerksamkeit darauf richten. Gute Idee! Er sagt, vieles hat mit Commitment zu tun. Dieses englische Wort steht für Entscheidung. Welche Entscheidung treffe ich, wenn ich in der Früh aufstehe? Welche Entscheidung treffe ich, wenn ich in die Arbeit gehe? Wie werde ich entscheiden, wenn ich in schwierigen Situationen bin? Nach ein paar Minuten bedanke ich mich für das anregende Gespräch mit ihm, das ich mit meiner Videokamera aufgezeichnet habe. Ich stelle mich wieder auf die Seite und beobachte. Die Mitarbeiter sind ruhig, entspannt und trotzdem sehr aufmerksam. Ja, sie ist da und spürbar! Diese berühmte Fish-Philosophie. Nach wie vor. Nicht übertrieben, nicht zu schreierisch, dezent, aber doch. Es wird wieder lauter. Ein weiterer Fisch wird geworfen. Die Händler machen Späße und albern herum. Kein Wunder, dass die Zeit schnell vergeht. Ich spreche mit dem nächsten Mitarbeiter, frage ihn ebenfalls, was er über den Montag denkt, über seine Arbeit. Was er für eine Einstellung hat, auch gegenüber den Kunden. Und wieder ähnliche Antworten. Er mag seinen Job. Er mag auch die Kunden, er mag die Menschen. Ich glaube ihm. Warum sollte er mich anlügen? Mir ist es ja egal, er würde sich nur selbst etwas vormachen, wenn es anders wäre. Also kann ich ihm das glauben. Vor allem strahlen diese Verkäufer das echte Interesse am Kunden und wahre Freude über sich und ihre Arbeit aus. Geht es Ihnen manchmal auch so, dass Sie spüren, ob jemand das, was er sagt, auch so meint?

Es dürfte eine hilfreiche Eigenschaft sein, seinen Job und Menschen zu mögen. Der Verkäufer albert herum. Nicht nur mit mir, sondern parallel auch mit anderen. Drei hübsche junge Frauen stellen sich in die Nähe. Auf die wird er aufmerksam. Natürlich sind sie interessanter als ich, also beende ich das Interview und lasse ihn los auf die Damen. Ich beobachte aus der Ferne, wie sie miteinander reden, und merke, dass sie einfach eine gute Zeit haben. Es ist schön, zu sehen, dass es bei so einer einfachen Tätigkeit wie dem Fischhandel, bei dem es kalt ist, bei dem es riecht, der eigentlich auch monoton sein könnte, Menschen gibt, die daran Freude finden, diesen Job zu tun. Zwischendurch schaue ich zum Stand gegenüber. Da tut sich wenig. Der Verkäufer wirkt etwas griesgrämig, beobachtet mit neidischen Blicken das Treiben der anderen auf dem Fischmarkt. Eigentlich könnte er doch auch diesen Spaß haben, wenn er wollte. Vielleicht will er nicht. Vielleicht möchte er einfach ganz etwas anderes tun. Warum tut er es nicht?

Ist dieses Leben, das wir geschenkt bekommen haben, nicht zu schade, um etwas zu tun, an dem wir keine Freude haben, langfristig? Es heißt ja nicht, dass jeder Tag wunderbar sein muss. Manchmal müssen wir einfach in der augenblicklichen Situation das Gute suchen und das Beste daraus machen, mit dem, was wir gerade haben und wo wir gerade sind. Aber wie geht es uns zum Großteil der Zeit? Unterm Strich? Wenn ein Jahr vorbei ist und wir wieder darauf zurückschauen. War es ein gutes Jahr? Weil wir Freude an unserem Job haben, weil wir die Menschen und uns selbst geliebt haben?

Ich beobachte weiter. Eine der jungen Damen wird hinter die Theke geholt und darf einmal einen der Fische fangen. Sie hat sichtlich Spaß dabei und ihre Freundinnen filmen und fotografieren fleißig. Um ein Erlebnis reicher wird sie mit Sicherheit mehreren Facebook-Freunden davon erzählen.

Beim nächsten jungen Mitarbeiter, den ich interviewe, habe ich den Eindruck, dass er eine leichte Behinderung hat. Er redet langsam und etwas eigenartig. Trotzdem gibt er mir sehr verständliche Antworten auf meine Fragen bezüglich seiner Arbeit. Er liebt seinen Job, sagt er, so wie die anderen auch. Und er liebt die Menschen. Dabei wird ihm nicht langweilig. Ich glaube es ihm. Ich frage ihn, ob er nur eine Rolle spielt? Er erklärt mir glaubhaft, dass sie das, was sie hier tun, auch sind. Sie spielen keine Rollen. Das nehme ich ihm ab. Es ist keine Clownerie, es ist keine Maskerade. Es ist nichts Aufgesetztes. Es ist echt. Die Interviews laufen fast alle sehr ruhig. Zwischendurch wird wieder mit den Kunden gespielt, aber bei den Gesprächen sind die Mitarbeiter ernst und entspannt zugleich. Das ist eine schöne Kombination. Zwischendurch frage ich einen Mitarbeiter, warum keine Frauen im Team sind. Er sagt, das liegt einfach daran, dass sich wenige Frauen bewerben. Frauen könnten diesen Job genauso ausüben. Aber sie bekämen hauptsächlich Bewerbungen von Männern. Zwischendurch bemerkt er treffend, dass sie alle Frauen lieben, was ich ihm auch gerne abnehme. Als Letztes stehe ich bei André. Er ist am aufgekratztesten von allen. Er tanzt, macht lustige Bewegungen und versetzt mich durch die Antworten, die er gibt, auch in eine gute Stimmung. Er ist gut drauf, weil er sich dafür entscheidet, gut aufgelegt zu sein. Diese Philosophie zieht sich durch die ganze Mannschaft. Sie erinnern sich gegenseitig im Team daran, wofür sie sich entschieden haben: nämlich Spaß zu haben an der Arbeit, für die Kunden da zu sein, präsent zu sein im Moment, zu spielen und ihre Einstellung zu wählen. Das geht miteinander leichter als allein. Sie stacheln sich im positiven Sinne gegenseitig an. Und es funktioniert. Nicht nur seit Jahren, sondern inzwischen seit Jahrzehnten. Heute konnte ich mich selbst davon überzeugen. Ich habe es genossen. Mit diesen Erkenntnissen mache ich mich auf den Rückweg. Im Auto merke ich, wie meine Haare etwas nach Fisch riechen. Habe ich etwas abbekommen, als sie den Fisch über mich geworfen haben? Das macht nichts. Heute Abend im Hotel gibt es Gott sei Dank eine Dusche. Der Besuch war die kleine Duftmarke auf jeden Fall wert. Die Männer vom Pikes Place Fishmarket riechen jeden Tag nach Fisch. Aber es macht ihnen nichts aus. Sie lieben ihren Job. Sie lieben das, was sie tun. Und sie lieben die Menschen. Eine wunderbare Kombination für Erfolg und Leistungsglück. Im Stillen, im Kleinen genauso wie im Großen.

Was hat das Beispiel dieser Fischhändler nun mit der Unternehmensform und dem geforderten Paradigmenwechsel zu tun? Einen Boss, eine Teamleiterin oder jemanden, der überwacht, ob eh alle gut drauf sind, scheint es hier nicht zu geben. Doch natürlich agiert ein Eigentümer im Hintergrund. Und genau dieser hat vor vielen Jahren die Entscheidung getroffen, mit seinem Team zusammen etwas Besonderes zu schaffen. Persönliche Kontakte mit Menschen. Das ging natürlich nicht von heute auf morgen. Er engagierte einen Coach, der das Team bei diesem Prozess kompetent begleitete. Dieser Coach ist heute immer noch mit dem Team aktiv, und sie treffen sich regelmäßig, um zu überprüfen, ob sie weiter auf dem richtigen Weg sind und was sie verbessern können. Über diese Arbeit gibt es Bücher in vielen Sprachen. Sie zeigen auf, wie es gehen kann, aus einer banalen Tätigkeit etwas Besonderes zu machen. Die Basisidee ging vom Gründer aus. So eine Veränderung muss auch von ganz oben kommen, „bottom-up" funktioniert in dem Fall nicht. Die Fish-Philosophie erweitert beschrieben und meine Erlebnisse zusammengefasst bilden folgende Strategien, die uns als Vorbild dienen könnten:

- Baue deine Unternehmensform um,
- stelle den Kunden in den Mittelpunkt,
- erfinde dich neu,
- mach etwas anders als die anderen, aber nur
- weil du es willst und es dir Spaß macht,
- weil es für dich Sinn macht
- und für alle Beteiligten in diesem System.
- Hol dir dazu professionelle Hilfe, du kannst nicht alles selbst wissen und
- werde laufend besser in dem, was du tust.

Nicht jeder will Spaß haben oder ausführlich mit den Kunden, den Menschen reden. Das ist okay so, denn sonst hätten wir nur extrovertierte Verkäufer. Wir brauchen aber auch die Stillen, die Buchhalter, die Qualitätsmanager, die Introvertierten. Nicht jeder mag das Laute. Aber jeder kann genau an der Stelle, an der er ist, so richtig gut werden und sein Bestes geben. Dafür bietet sich 47-mal im Jahr die Gelegenheit (52 Wochen abzüglich fünf Wochen Urlaub).

Jede Woche beginnt mit einem Montag. Das ist klar. Aber was denken wir in dem Moment, in dem wir entweder von selbst aufwachen oder uns – hoffentlich sanft – vom Wecker aus unseren Träumen holen lassen? Wenn mehrere Menschen sagen würden: „Montag, Gott sei Dank!“ statt „Endlich Wochenende“, würde sich etwas drastisch ändern. Die Männer auf dem Fischmarkt wollen weltweit mit ihrer Einstellung einen Unterschied machen. Sie wollen, dass diese sich auf andere Menschen positiv auswirkt. Was für ein schöner Ansatz, welch hehres Ziel. Dabei unterstütze ich sie gerne, indem ich ihre Philosophie weitergebe und bestätige, dass sie immer noch funktioniert, viele Jahre später. Präsent zu sein, zu spielen, anderen Freude zu bereiten und die eigene Einstellung zu wählen. Macht weiter so, Männer! Die Welt braucht Vorbilder wie euch.

Zum Dreiklang des Erfolgs braucht es wie beschrieben drei Zutaten: besondere Menschen (Mitarbeiterinnen und Mitarbeiter), besondere Führungskräfte und besondere Produkte oder Dienstleistungen. Wenn dann noch die Kundinnen und Kunden im Mittelpunkt stehen, eingerahmt von diesen drei Faktoren, wird die Unternehmensmelodie ganz wunderbar klingen. Nicht nur in den USA, sondern auch bei uns. Eigentlich egal, wo. Wenn man diese Komponenten auffächert, entdeckt man die Facetten des Erfolgs. Die Ingredienzien dieses herrlichen Gerichts, die da lauten: Leidenschaft, Freude, Talent Management, Veränderungs-

Die Mitarbeiter dieses außergewöhnlichen Fischmarkts sind „beseelt" von dem, was sie tun und mit wem sie es tun.

und Lernbereitschaft, Umgang mit Rückschlägen und noch einige andere, die wir uns in weiteren Kapiteln dieses Buchs noch genauer ansehen.

„Ich fahre so gerne in dieses Skigebiet" sagte meine Frau einmal zu mir, „weil die Menschen dort so freundlich sind." Es war nicht das beste Skigebiet. Eher klein, wenig Lifte, unspektakulär[27]. Vielleicht aber aus diesem Grund für unsere kleinen Kinder zum Anfangen genau das Richtige. Wer entscheidet, wo eine Familie mit den Kindern hinfährt? Die Eltern. Deshalb beginnen wir in der Auseinandersetzung mit dem Thema Leistungsglück im Folgenden mit der wichtigsten Komponente: dem Menschen und seinen Begegnungen mit anderen.

Was können Sie gut?

Der „Erstklang“: besondere Mitarbeiterinnen und Mitarbeiter

Motivation: warme Dusche oder Feuer von innen?

Es ist Mittwochmorgen, hungrig ziehen wir durch die Straßen und endlich entdecken wir ein Bistro, in dem es gut riecht, nette Kellnerinnen zum Verweilen einladen und das Angebot in der Theke auch noch gut aussieht. Das Frühstück ist schnell bestellt, ein leckeres Schinken-Käse-Omelett mit einem Cappuccino wird bald serviert. Sicherheitshalber fragt die freundliche Kellnerin nach, ob Schafskäse okay sei, denn das mag nicht jeder. Das Ja dazu war eine gute Entscheidung. Nach den ersten Bissen wird klar, es schmeckt, und wie! Noch dazu auf einer gemütlichen Hinterhof-Terrasse, umgeben von wild wucherndem Efeu und kleinen Blumentöpfen, die für eine charmante Atmosphäre sorgen. Auf das schmackhafte Frühstück angesprochen, antwortet die Kellnerin mit einem Lächeln: „Mit Liebe gemacht!“ Das ist spürbar. Welch schöner Start in den Morgen. Am darauffolgenden Tag haben wir erneut Hunger, klar, es ist ja schon Vormittag. Aber wer würde nicht einmal ausschlafen, bei einer Vater-Tochter-Trend-Scouting-Tour in Berlin? Wir wollen etwas Neues probieren. Eine Bäckerei in der Nähe bietet sich an. Innen prangt die vielversprechende Aufschrift „Wir backen mit Herz“. Juhu, das wollen wir. Auch hier bestellen wir Frühstück, worauf eine ruppige Antwort kommt: „Das gibt’s nur bis elf.“ Ein schneller Blick auf die Uhr offenbart eine interessante Tatsache: Es ist 10.54 Uhr. Nach einigen Überredungskünsten erbarmen sich die Damen hinter der Theke doch und bereiten schnell ein kleines Frühstück zu. Es schmeckt auch in diesem Lokal lecker, aber das Flair ist eindeutig ein anderes …

Viele Unternehmen versprechen den Kunden und Gästen mit ihrer Werbung einiges, aber was praktisch davon gehalten wird, zeigen Mitarbeiterinnen und Mitarbeiter jeden Tag in ihrem Umgang mit den Menschen, die für den entsprechenden Umsatz sorgen. Und damit auch dafür, dass am Ende des Monats Geld für Löhne und Gehälter der Mitarbeiter da ist. Manchmal kommt sich der Kunde jedoch wie ein Störfaktor vor, und irgendwelche Aufschriften auf hübschen Fliesen halten ihre Versprechen nicht. Bei manchen dreht sich dagegen wirklich alles um den Gast oder den Kunden. Egal in welcher Branche. In solchen Fällen kommen die Gäste oder Kunden dann gerne wieder und empfehlen dieses nette Plätzchen sogar Hunderten Facebook-Freunden, samt dazu passenden Fotos. (Finden Sie mich auf Facebook, gerne können wir uns vernetzen!)

Wie gehen Sie und Ihr Team mit Ihren Kundinnen und Kunden um? Erfolgreich sind auf Dauer nur Unternehmen, die es schaffen, die besten Mitarbeiter zu finden, richtig einzusetzen und zu halten. Das ist die Aufgabe der Führungskräfte. Dazu mehr später. Und natürlich braucht es auch ein Top-Produkt oder eine Top-Dienstleistung, auch dazu mehr im übernächsten Kapitel. Aus diesem schon im vorigen Kapitel beschriebenen „Dreiklang des Erfolgs" entsteht der richtige Fokus: verdienen durch dienen. Europa wird in Zukunft nur noch als Innovations- und Service-Vorreiter bestehen können. Produktion und Services werden weltweit dorthin verlagert, wo es am günstigsten ist. Aber der „Faktor" Mensch bleibt und ist damit unsere große Chance. Das betrifft jeden Einzelnen ganz persönlich.

Motivation kommt vom lateinischen Wort „movere". Das steht für bewegen. Was bewegt uns? Woran haben wir Spaß? Was können wir gut? Genau rund um diese Punkte sollten wir alle unsere Karriere aufbauen und regelmäßig anpassen. Immer weniger Menschen arbeiten ein Leben lang für denselben Auftraggeber oder im selben Job. Was nicht heißt, dass wir dort nicht auch glücklich werden können. Aber in der Regel ist Ausbildung – Arbeit – Pension ein ausgedientes 3-Phasen-Modell. Heute heißt es Ausbildung – Arbeit – Weiterbildung – Arbeit – Weiterbildung – Arbeit usw. Wir haben jeden Tag die Chance zu entscheiden, was wir tun wollen und was nicht. Menschen mit 50 oder 60 Jahren fangen zu studieren an. Warum auch nicht? Die gute Nachricht ist: Es gibt ein Leben vor dem Tod! Wollen wir wirklich die meiste Zeit unseres Lebens mit Dingen verbringen, die uns keine Freude bereiten? Das heißt nicht, dass immer alles einfach und schön sein muss, keineswegs! Auch der Arbeitsalltag ist manchmal hart. Aber auf das Verhältnis kommt es an! Überwiegt die Freude? Mögen Sie Ihren Job? Manchmal sind es nur Feinheiten, die wir ändern können, damit wir wieder Freude haben, und manchmal braucht es eine zusätzliche Aus- oder Weiterbildung. In einigen Fällen können wir unsere Veränderung bei unserem Arbeitgeber umsetzen, manchmal braucht es einen Wechsel. Jeder Unternehmer wird froh sein, wenn er Mitarbeiter hat, die gerne leisten. Dann passt auch das Ergebnis, also die

Qualität ihrer Arbeit. Deshalb unterstützen immer mehr Firmen ihre Mitarbeiter bei der Qualifikation und bei der Jobwahl sowie -suche. Der Satz „Love it, change it or leave it“ hat seine Daseinsberechtigung. Er bedeutet, dass wir „es“ (was immer „es“ ist) entweder so lieben, wie es ist, und auch dankbar dafür sind oder es so lange ändern, bis wir es lieben können (dabei können wir auch unsere Einstellung ändern), oder es aufgeben, wenn wir mit dem Verändern der Umgebung oder unserer Einstellung nicht mehr weiterkommen und nichts mehr bewirken können, auch diesen Punkt kann es geben. Systeme zu verlassen, in denen wir nicht mehr höchst produktiv sind, ist ein mutiger, aber wichtiger Schritt, der nicht von heute auf morgen gesetzt wird. Es gibt noch viele Anpassungsmöglichkeiten zuvor. Sie erinnern sich an Marina Shifrin? Die junge Frau, die um 4.30 Uhr morgens merkte, dass sie ihren Arbeitsplatz wechseln muss? Sie hat zuvor sicher schon einiges ausprobiert, um die Nachtschichten doch irgendwie gut zu finden oder ihnen

Stimmen vollmundige Versprechen mit der gelebten Wirklichkeit überein?

etwas anderes abgewinnen zu können. Vielleicht hat sie auch das eine oder andere verändert. Aber es kam der Zeitpunkt, an dem ihr klar war, jetzt muss sie wechseln, sie ist raus aus dem Spiel. Danach kamen interessante Jobangebote.

Am Schluss sprach er noch ein paar Worte …

Während eines Begräbnisses machte ich kürzlich eine besondere Erfahrung. Wie üblich sprach der Pfarrer in der Kirche über den Verstorbenen. Wer er gewesen war, wann er wo geboren worden war, wie viele Kinder und Enkelkinder er gehabt hatte, wo er von wann bis wann gearbeitet hatte. Diese simple chronologische Aufzählung berührte mich und löste folgenden Gedanken bei mir aus: Würde mir selbst so ein Nachruf genügen? Eine Art Zeitleiste, die Zahlen, Daten und Fakten wiedergibt, oder hätte ich gerne einen Freund, der eine Rede hält, in der er erzählt, wofür ich stand, was mir wichtig war, wofür ich gelebt habe?

Diese Frage, mit der ich mich immer wieder befasse, mündete in eine Übung, die ich manchmal in Seminaren mit meinen Teilnehmern durchführe, sie ist nicht neu, aber richtig gut: Sie schreiben Ihre eigene „Grabrede“. Was makaber klingt, ist ein sinnvolles Sich-Auseinandersetzen mit dem, was wir im Leben erreichen wollen, mit unserem Wesentlichsten: unseren Werten, Visionen und Zielen. In etwas abgeschwächter Form kann diese Übung auch als Geburtstagsrede zum eigenen Achtziger durchgeführt werden, sollte Ihnen die Grabrede zu krass sein. Ich lade Sie herzlich ein, zu versuchen, diese Zeilen zu schreiben. Meistens reicht ein Blatt Papier dafür, ein paar ruhige Minuten, Sie werden erstaunt sein, was dabei herauskommt. Versetzen Sie sich in die Person Ihres besten Freundes, Ihrer engsten

Freundin, was würde er oder sie über Sie sagen? Los geht's, schreiben Sie es auf! Es ist eine gute Möglichkeit, sein Leben Revue passieren zu lassen.

Ist Ihr Leben zufällig „passiert" oder haben Sie es immer wieder geplant und konkrete Ziele verfolgt? Der Lebenslauf vieler Menschen verläuft ohne genaue Vorstellung davon, was sie in ihrem Leben wirklich tun wollen. Oft ergibt sich die Berufswahl zufällig danach, wo sie jemanden kennen oder jemand aus der Verwandtschaft empfiehlt eine Arbeitsstelle, bei der gerade Leute aufgenommen werden. Sie bewerben sich irgendwo und sind dann mitten drin im Berufsrad. Bleiben Sie dort auch? Relativ selten. Heute durchlaufen die Menschen in ihrem Berufsleben drei, vier, fünf oder sogar mehr Unternehmen. Veränderung ist heute, wie in diesem Buch bereits beschrieben, zur Konstante geworden.

Wichtig für Leistungsglück und Ihren persönlichen Erfolg ist zu jeder Zeit: Folgen Sie Ihrem Herzen, auch wenn das kitschig klingt. Um unser Gehör etwas anzustoßen, überlegen Sie sich zwei Dinge: Was können Sie gut und was macht Ihnen Freude? Ich habe Jamie Oliver gestern schon wieder im Fernsehen gesehen. Ich stehe nicht so auf Kochsendungen, aber bei seiner blieb ich hängen. Die Leidenschaft, mit der er arbeitete, zubereitete und kochte, war phänomenal. Ich war kurz davor, abends den Herd anzuschmeißen, weil ich allein durch das Zuschauen unbändige Lust bekam, es ihm gleichzutun. Was Jamie kann, können wir auch, und ich meine nicht das Kochen. Sich die soeben genannten Fragen zu stellen und auch die restlichen in diesem Buch, und anschließend oder darauf aufbauend gestalten wir rund um diese Stärken unsere Karriere, jetzt, morgen, wann immer. Ich war eines der ängstlichsten Kinder im Kindergarten. Jeden Morgen heulte ich, weil ich dort nicht hingehen wollte. Ich konnte mich weder durchsetzen noch Freude am Umgang mit den anderen Kindern finden. Ich war schwach und ich wusste nicht, was ich dagegen tun sollte. Sie können sich vielleicht schon denken, auf wen es die Kids abgesehen hatten. Keine Sorge, mir geht es heute gut, aber in der Zwischenzeit habe ich viel, sehr viel an mir gearbeitet. In Seminaren lernte ich, dass auch ich etwas kann, ich lernte meine Stärken kennen, lernte mich auszudrücken und zu behaupten. Heute stehe ich als Vortragsredner vor großem Publikum und habe fast täglich mit unterschiedlichsten Menschen zu tun und ich finde es spannend. Das empfinde ich als großes Privileg und gar nicht als selbstverständlich. Sie sehen: Ich schlage Ihnen nichts vor, was ich nicht selbst probiert habe und was für mich nicht funktioniert hat.

Tatsache ist: Wir verbringen die meiste Zeit unseres Lebens in der Arbeit. Sollte sie uns nicht wenigstens erfüllen? Nur dann kommt etwas Besonderes dabei heraus, und das wiederum lässt uns Freude empfinden. Natürlich kann es trotzdem Zeiten und Phasen geben, in denen Sie sagen: Das nervt mich jetzt, die Kollegen halte ich nicht aus, die Kunden sind schwierig. Aber sind das bloß Phasen, die wir durchstehen können, oder ist es doch mittel- bis langfristig so, dass wir frustriert sind? Wir können es ändern, wenn wir wollen. Wollen Sie?

Montag, Gott sei Dank!

Im Film „Mr. Poppers Pinguine" rasselt der Wecker eines Spitzenverkäufers (gespielt vom verrückt-genialen Schauspieler Jim Carrey) am Montag um 6.30 Uhr. Wie ist unsere übliche Reaktion? Die wenigsten von uns springen in Erwartung eines hervorragenden Tages aus dem Bett. Was sagt Mister Popper? „Montag. Gott sei Dank!" Warum?

Weil er seinen Job mag. Er ist richtig gut im Verkaufen. Natürlich hat er auch Defizite, das zeigt dieser Film gut auf. Die Familie ist auseinandergebrochen, die Kinder wollen mehr von ihrem Dad. Er hat natürlich wenig Zeit, weil er erfolgreich sein will. Schließen Erfolg und Privatleben sich aus? Nicht immer. Auch er findet einen Weg zurück zu seinen Kindern.

Work-Life-Balance und Burnout sind mehr als abgegriffene, weil zu viel benutzte Zeitgeist-Worte, sie sind ganz aktuelle Phänomene unserer Zeit, die zunehmen. Weshalb? Weil Menschen das Maß nicht mehr finden. Für sich und für andere. „Ob etwas Gift oder Medizin, bestimmt allein die Dosis", wusste schon Paracelsus. Was zum Beispiel für Rotwein gilt, gilt auch für unsere Einstellung zur Arbeit. Es geht nicht darum, jeden Tag „bis an die Zähne" motiviert zu sein. Es geht darum, einen richtig guten Job gerne zu machen. In erster Linie für sich selbst. Dann für alle anderen. Auf diese Weise wird sich der Erfolg einstellen, für alle Beteiligten.

Ich wollte wissen, was die Menschen montagmorgens über ihre Arbeit denken. Und darüber berichten. Vielleicht gelingt es uns ja, einen Gegentrend zu „Endlich Freitag!" zu setzen. Ich erzählte die Idee dem Geschäftsführer eines kleineren Privatsenders und er war begeistert. Er meinte, es nerve ihn auch, in den Medien bereits am Donnerstag zu hören: „Nur noch ein Tag bis zum Wochenende …" Als hätten wir alle nur schlechte und langweilige Jobs. Also gingen wir in verschiedene Firmen. Immer montags. Die Ergebnisse unserer Befragungen waren durchwegs sehr spannend. Wir interviewten spontan Mitarbeiter aus Produktion, Versand, Verkauf, Buchhaltung, EDV, sogar die Führungskräfte bis hin zum Geschäftsführer.[28] Nicht jeder war begeistert vom Montag, das ist auch okay so. Aber einige hatten ein richtiges Lächeln im Gesicht und berichteten, dass sie gerne in das

Unternehmen kommen. Sie mögen die Umgebung, sie mögen ihre Arbeit, der Chef interessiere sich für sie. Das klang sehr gut. Für einige war Montag ein Tag wie jeder andere auch, auch das darf sein. Für einen Arbeiter in einem Sägewerk war Freitag der beste Tag, aber aus dem Grund, weil er dann auf die Woche zurückblicken konnte und sich daran erfreute, was er alles geleistet hat. Unter diesen Umständen darf natürlich auch der Freitag ein Top-Tag sein, warum nicht? Für einen anderen war der Montag der Anfang vom Ende der Woche. Das war zugegeben etwas philosophisch, aber auch eine mögliche Betrachtungsweise. Tatsache ist, wir können aus jedem Tag der Woche einen guten oder einen schlechten machen. Mir geht es nicht explizit um den Montag, sondern um unsere prinzipielle Einstellung zur Arbeit. Wenn es doch immer mehr von diesen Menschen, Chefs und Unternehmen gäbe, die es ermöglichen zu sagen: „Endlich Montag“, egal ob in der Früh, mittags oder abends. Apropos abends: Das Beispiel im nächsten Kapitel habe ich vor vielen Jahren erlebt, es ist mir aber so präsent, als ob es gestern gewesen wäre …

Begeisterung, die ansteckt

Es ist Abend und ich komme in meinem Hotel an, etwas müde und hungrig. Allerdings habe ich keine Lust mehr, mich ins Restaurant zu setzen. Was macht man, wenn man dann Hunger hat? Genau! Im Restaurant anrufen und etwas aufs Zimmer bestellen. Ich gebe zu, das ist etwas dekadent, aber gemütlich. Gesagt, getan, ich wähle die Nummer, es hebt ein freundlicher Mann ab und überrascht mich mit den Worten: „Guten Abend, Herr Schandl, was darf ich für Sie tun?“ Ich bin begeistert und überrascht zugleich, denn woher weiß er meinen Namen? Ich habe mich ja noch gar nicht vorgestellt! Keine Ahnung, wahrscheinlich verfügt das Hotel über ein Telefonsystem, das Namen oder Zimmernummer anzeigt. Es hat mich einfach nur begeistert, dass er mich mit meinem Namen angesprochen hat. Nun gut, da war doch etwas mit meinem Hunger. Ah ja, ich bestelle die „Nürnberger Rostbratwürste". „Gerne", meint er und hängt an: „Darf es die große Portion sein?" Das kommt so selbstverständlich, dass ich ohne groß nachzudenken bejahe. Beim Essen denke ich mir dann, dass mir die sechs Stück auch genügt hätten und ich keine zwölf Stück gebraucht hätte. Aber sie sind so gut, dass ich sie alle locker wegbringe. Eine kurze Anmerkung meiner Verkäuferseele: eine tolle Strategie, gleich die größere Variante anzubieten. Diese Idee haben ja nicht nur McDonald's und Starbucks für sich gepachtet.

Zurück zum Restaurantleiter: Er fragte noch, ob es ein Helles dazu sein darf. Klar, dachte ich mir, der ist ja gut geschult und offenbar auf Zusatzverkauf getrimmt und deshalb lehnte ich erst mal ab, um zu sehen, wie er reagieren würde. Zu meinem Erstaunen gab er nicht auf und fragte weiter, etwas hartnäckig, aber freundlich: „Wie wäre es mit einem Pils?" Ich, ebenfalls hartnäckig und freundlich: „Nein, danke." Vielleicht dachte er, aller guten Dinge sind drei. Und seine Abschlussfrage lautete: „Wie wäre es mit einem dunklen Weißbier?" Gemeinerweise tauchte jetzt vor meinem geistigen Auge das dunkle Weißbier auf. Und die Verlockung war zu groß, also sagte ich Ja. Das passte zu den Bratwürsten so schön dazu. Dann sagte er noch zu mir: „Darf ich Sie auf dieses Bier einladen?" Wie jetzt, einfach so? Ja, einfach so! Da war sie, die nächste Schrecksekunde. Wunderbar! Der lädt mich auf ein Bier ein. Wen lädt man normalerweise auf ein Bier ein? Freunde, Bekannte, Kollegen, Kunden. Aber mich, als Gast des Hotels? Was kostet ihn das, wenn er das 10- oder 20-mal an dem Abend macht?

Eindeutig wenig, wenn man es damit vergleicht, was es beim Gast auslöst. Es ist dieses Gefühl von Willkommensein. Damit ist es für mich leichter erträglich, weg zu sein von der Familie, in der Ferne, schon wieder in einem wenn auch schönen Hotel. Das war ein richtig schöner Ausklang an diesem Abend. Das Essen schmeckte und ich schlief glücklich ein.[29] Dieser Mitarbeiter hat mir mit seiner Art den ganzen Abend, die ganze Ankunft verschönert. Wo das Hotel liegt, wie es aussieht, was es alles kann, ist „nice to have", entscheidend für mich als Vielreisenden ist der persönliche Umgang eines jeden Einzelnen mit mir als Kunde. Von der Reinigungskraft über den Empfang bis zum Eventmanager. Jeder Kontakt mit Kundinnen und Kunden ist ein „Moment der Wahrheit", hat schon Vera Birkenbihl – die „Mutter" aller Trainer – treffend gesagt. Wie sehen Ihre Momente der Wahrheit aus?

Ein weiterer, schöner Moment ist mir noch lebhaft in Erinnerung. In einem guten Hotel in der Steiermark führte ich eine Trainerausbildung durch. Die Autofahrt von Salzburg in die Steiermark dauert etwa drei Stunden. Im Sommer ist die Windschutzscheibe voll beklebt mit lauter kleinen Tierchen. Nach einer Woche auf dem Parkplatz wird es meistens nicht besser, aber zu meiner Verwunderung fuhr ich mit einer sauberen Windschutzscheibe nach Hause. Warum? Ein kleiner grüner Zettel unter dem Scheibenwischer erklärte mir, was jemand hier für mich getan hat. Auf diesem stand: „Lieber Gast, damit Sie auch gut nach Hause kommen, hat Alois für Sie die Scheiben gereinigt. Bis auf bald, Ihr Retter[30]-Team." Eine große Sache oder eine Kleinigkeit? Aufwandseitig eine Kleinigkeit. Ein Kübel Wasser, ein Schwamm, ein paar Minuten Zeit für ein paar Autos. Mit welcher Wirkung? Natürlich einer großen, man könnte sogar sagen, einem Wow-Effekt. Das sind diese besonderen Momente, magische

Momente, wie immer man sie bezeichnen will. Es ist das, was in meinem und unserem Kopf hängen bleibt und hervorsticht aus all den 08/15-Services und Dienstleistungen. Solche Leistungen sind nicht Dienst nach Vorschrift, sondern viel mehr. Es muss kein Mont-Blanc-Kugelschreiber um 300 Euro sein, den wir dem Kunden schenken müssen, um ihn zu begeistern. Eine kleine Geste würde genügen.

„Erst der Spaß, dann das Vergnügen!" – Was für ein geniales Motto meines geschätzten Rednerkollegen und Arztes Roman Szeliga. Es ist sogar der Titel seines Buchs. Wenn sich das mehr Menschen, mehr Mitarbeiter, mehr Führungskräfte, mehr Teams als Motto vornehmen würden, hätten wir eine andere Kultur, eine andere Welt, ein anderes Leben. Es ist heute fast schon revolutionär, so etwas zu fordern. Aber bisher waren es immer die „Spinner", die „Unbequemen", die in dieser Welt etwas bewirkt haben. Erfinden wir sie neu, indem wir uns neu erfinden. Das beginnt in unserem Kopf und mündet in unsere Hand beim Gutes-Tun an unserem Mitmenschen, egal ob das der Kollege, die Chefin oder die Kundin ist. Dann sind wir nicht mehr weit vom Leistungsglück entfernt.

So. Und jetzt kühlen wir uns wieder ab und werden sachlich. Dabei hilft Eis. Oder ein Eisberg ...

Die Spitze sieht man. Der Rest wirkt.

Das Bild von einem Eisberg ist ein gängiges Modell und wird gerne herangezogen, um menschliche Entscheidungs- und Kommunikationsprozesse zu veranschaulichen. Wenn wir dieses Bild zum Beispiel auf die Wahlmöglichkeiten bei einem Einkauf übertragen, wird eines klar: der Mythos des rationalen Kunden. Wir kaufen nicht in erster Linie, weil wir etwas brauchen. Nein, wir kaufen es, weil wir es wollen, und begründen unsere Entscheidung dann mit unserer Ratio. So funktioniert Verkauf, unterstützt durch cleveres Marketing. Auch Kommunikation funktioniert nach diesem Schema. Wir sind emotionale Wesen und unser Wollen, unsere Gefühlswelt machen circa 6/7 des Entscheidungsprozesses aus, das restliche Siebtel bleibt für unseren Verstand. Ungefähr so verhält sich auch das Verhältnis zwischen sichtbarem und dem unsichtbaren Anteil des Eisbergs. Der untere, unsichtbare Teil steht für unsere Emotionalität, für die Beziehungsebene. Und wenn wir das wissen, können wir dem durch die Qualität unserer Begegnungen Rechnung tragen. Mutter Theresa hat einmal einen sehr schönen Satz geprägt, indem sie gesagt hat: „Lass nie zu, dass es einem Menschen nach der Begegnung mit dir nicht besser geht als vorher." Das finde ich sehr schön. Es ist natürlich ein sehr hoher Anspruch. Ja. Aber warum sollten wir uns nicht einem hohen Anspruch aussetzen? Es kann ja ein Ziel sein, zu dem wir uns gemeinsam hinentwickeln wollen.

Nochmals eine Erinnerung an unsere Zeit-Komponente: Wir wissen, wir haben eventuell Tage, wir haben Wochen, wir haben Monate oder auch weniger dazu, Gutes zu tun. Mit der Maßband-Übung zu Beginn dieses Buchs haben wir unser mögliches Zeitkonto visualisiert. Shakespeare hat einmal gesagt: „Wenn du glaubst, das Leben sei ein Theater, dann suche dir eine Rolle, die dir so richtig Spaß macht." Dieser Satz besitzt auch heute noch eine hohe Aktualität. Wenn wir die Zeit-Komponente dazunehmen, könnten wir fragen: Warum nicht gleich? Wozu warten? Wir dürfen, ja sollen uns diese Rollen aussuchen. Denn nur in der Rolle, die wir gerne leben, werden wir richtig gut. Es ist in unserer Verantwortung, welchen „Auftritt" wir im Leben haben. Weder hat der Chef es zu verantworten, wie wir unser Leben gestalten, noch können wir unsere Ausreden der Wirtschaft in die Schuhe schieben oder gar den Politikern. Es liegt an uns.

Die Alternative zur bewussten Wahl ist eine unangenehme: Wir geraten in eine „freizeitorientierte Schonhaltung“, wie Klaus Kobjoll, der Inhaber des Schindlerhofs in Nürnberg, dieses unschöne Phänomen bezeichnet, und davon hat keiner etwas. Für jeden von uns gibt es einen bestimmten Platz, an dem wir gut aufgehoben sind. Es gab noch nie eine Zeit in der Weltgeschichte mit so viel Auswahl, sich zu betätigen, wie heute. Nutzen wir diese Chance! Werden wir zu Gestaltern unseres Lebens, anstatt zu Passiv-Konsumenten der Ablenk-Unterhaltungsindustrie. Fangen Sie heute an, in kleinen Schritten die Verantwortung für Ihr eigenes Leben zurückzuerobern. Jim Carrey gewinnt im Film „Bruce Allmächtig“ eine sehr wichtige Erkenntnis, die er als Reporter an seine Zuseher weitergibt: „Sei selbst das Wunder!“, rief er den Menschen zu. Wenn Gott uns schon mit so vielen Talenten ausgestattet hat, dann dürfen wir sie auch nutzen, ja, es ist sogar unsere Pflicht, es zu tun! Die Chefinnen und Führungskräfte in den Unternehmen unterstützen uns manchmal dabei, manchmal machen Sie uns das Leben schwer. Deshalb haben alle Führungskräfte und Unternehmen genau die Mitarbeiterinnen und Mitarbeiter, die sie verdienen.

Die Zusammenfassung dieses Kapitels ist ganz einfach. Es liegt unglaublich viel an den Menschen, den Mitarbeitern, an Ihnen!

Was würden
Sie auch ohne
Bezahlung tun?

Der „Zweitklang": besondere Führungskräfte

Sollten Sie keine Führungskraft sein, überspringen Sie ruhig dieses Kapitel. Es widmet sich den Machern, den Gestalterinnen, den Verantwortlichen in Unternehmen. Sie haben eine große Verantwortung für die Projekte, die Ergebnisse und die Mitarbeiter, die ihnen anvertraut sind. Sollten Sie einmal in die Lage kommen, Führungsverantwortung zu bekommen, können Sie dieses Buch und diesen Abschnitt immer noch zur Hand nehmen, um nachzulesen, worauf es bei der Führung ankommt, sollten Sie Spitzenleistung erzielen wollen, ohne dabei auszubrennen.

In diesen Kapiteln geht es darüber hinaus um besondere Persönlichkeiten, die allein durch ihre Vorbildwirkung vieles bewirkt haben. Sie haben sowohl in der Gesellschaft als auch in der Wirtschaft nachhaltige Statements gesetzt, die uns wohl sehr lange in Erinnerung bleiben werden. Und auch wenn das nicht jeder will und nicht jeder dazu berufen ist, sind solche Menschen Quellen der Inspiration. Sie stehen für Größe, für Mut, für Leidenschaft, für Visionen. Wenn wir uns die Vielzahl an Führungsaufgaben ansehen, könnten wir damit ganze Bücher füllen. Das ist übrigens auch schon geschehen. Aus all diesen Ansätzen möchte ich drei besondere Aufgaben herausgreifen, die aus meiner Sicht zu den wichtigsten für Führungskräfte gehören.

Die erste Führungsaufgabe

An einem schönen Sommertag 1963

„Heute sage ich euch, meine Freunde, trotz der Schwierigkeiten von heute und morgen habe ich einen Traum. Es ist ein Traum, der tief verwurzelt ist im amerikanischen Traum. Ich habe einen Traum, dass eines Tages diese Nation sich erheben wird und der wahren Bedeutung ihres Credos gemäß leben wird: Wir halten diese Wahrheit für selbstverständlich: dass alle Menschen gleich erschaffen sind. ... Ich habe einen Traum, dass meine vier kleinen Kinder eines Tages in einer Nation leben werden, in der man sie nicht nach ihrer Hautfarbe, sondern nach ihrem Charakter beurteilen wird. ... So lasst die Freiheit erschallen von den gewaltigen Gipfeln New Hampshires. Lasst die Freiheit erschallen von den mächtigen Bergen New Yorks, lasst die Freiheit erschallen von den hohen Alleghenies in Pennsylvania. Lasst die Freiheit erschallen von den schneebedeckten Rocky Mountains in Colorado. Lasst die Freiheit erschallen von den geschwungenen Hängen Kaliforniens. ... Wenn wir die Freiheit erschallen lassen – wenn wir sie erschallen lassen von jeder Stadt und jedem Weiler, von jedem Staat und jeder Großstadt, dann werden wir den Tag beschleunigen können, an dem alle Kinder Gottes – schwarze und weiße Menschen, Juden und Heiden, Protestanten und Katholiken – sich die Hände reichen und die Worte des alten Negro Spiritual singen können: ‚Endlich frei! Endlich frei! Großer allmächtiger Gott, wir sind endlich frei!'"[31]

Es war der 28. August 1963 in Washington, D.C., als ein Mann die ganze Welt bewegte. In einer kraftvollen Rede sprach er von seinem Traum. Inzwischen führt ein schwarzer Präsident die Vereinigten Staaten von Amerika bereits in seiner zweiten Amtszeit und Martin Luther King wäre überglücklich, wenn er davon wüsste. Er hat sicher einen Großteil dazu beigetragen, dass die Rassendiskriminierung massiv zurückgegangen ist, zwar nicht von heute auf morgen, aber innerhalb von Jahren.

Das ist Führungsqualität. Und das ist die erste Führungsaufgabe: *eine Vision zu haben und von ihr zu reden.*

Anhänger finden sich dann meistens genug. Vorausgesetzt die Vision hat auch Kraft. Dieses Ereignis ist so groß, die Tat dahinter ebenfalls, dass ich mir erlaubt habe, etwas mehr aus seiner Rede abzudrucken, als es sonst üblich ist. Das Zitat „I have a dream" kennen die meisten Menschen auf dieser Welt, auch von wem es ist und wovon dieser Mann träumte. Damals gab es weder Facebook noch Twitter. Starke Botschaften überdauern ihre Zeit, denn sie werden weitererzählt. Von den vielen Anhängern, die diese Botschaft, diesen Traum mittragen. Und sie werden Realität.

Diese simple Tatsache können Sie auf so viele Bereiche übertragen und es gibt sie, die vielen weiteren Beispiele, die Quelle der Inspiration sein können für uns alle, wenn wir das wollen. Darum geht es in den nächsten Abschnitten. Vorher sei es erlaubt zu fragen, wovon Sie träumen, egal ob das groß oder klein ist? Es geht nicht um eine Bewertung Ihres Traums, sondern rein darum, ob Ihr Herz schneller schlägt, wenn Sie daran denken. Das ist die einzig gültige Prüfvariable.

Einfach, aber gut. Und stark.

Bill Gates träumte davon, dass in jedem Haushalt ein Computer steht. Dieser Traum ist heute mehr als in Erfüllung gegangen. Jeder Haushalt verfügt im Schnitt wahrscheinlich nicht nur über einen PC oder Laptop, sondern sogar über

Fernseher mit Internet-Verbindung und zusätzlich wird das eine oder andere Familienmitglied abends mit einem iPad oder anderen Tablet vor dem Flimmerkasten sitzen, um parallel auf Facebook zu surfen, E-Mails zu checken oder zu recherchieren, was das im TV beworbene Produkt auf eBay oder Amazon kostet. Natürlich liegt dabei mindestens ein Smartphone herum. Also sind es drei oder mehr digitale Endgeräte, mit denen wir uns in die virtuelle Welt aufmachen, und das pro Haushalt. Wenn das Bill Gates damals gewusst hätte ...

Er hat, wie viele von uns wissen, in einer Garage begonnen. Heute ist er einer der reichsten Menschen dieser Welt und hauptsächlich damit beschäftigt, sein Vermögen zusammen mit seiner Frau sinnvoll zu verteilen und einzusetzen, was sicher eine sehr schöne Aufgabe ist. Coca-Cola wiederum hat es sich zum Unternehmenscredo gesetzt, dass es „jedem Menschen unmöglich gemacht werden soll, Coca-Cola nicht zu kennen". Auch wenn in diesem Satz einige Verneinungen enthalten sind, glaube ich, diese Mission wurde erfüllt. Walt Disney wollte ein Lächeln auf jedes Gesicht eines Menschen zaubern, der entweder einen seiner Filme sieht oder Zeit in einem seiner Freizeitparks verbringt. Gelungen. Große Persönlichkeiten waren in ganz anderen Zusammenhängen am Werk: Gandhi wollte Indien gewaltlos von der Besatzung der Engländer befreien. Gelungen. Nelson Mandela lebte und starb für die Abschaffung der Apartheid. Gelungen. Zumindest fast. Petrus wollte die Gute Nachricht vom Erlöser in die gesamte damalige Welt bringen. Gelungen.

Starke Träume, Visionen oder Mission Statements haben Folgendes gemeinsam: Sie sind einfach, sie sind kurz und sie werden von einem Elfjährigen verstanden. Also vergessen Sie komplizierte zweiseitige Leitbilder, die irgendjemand mit dem Ziel erstellt hat, dass sie gut klingen. Kein Mensch im Unternehmen weiß, was da draufsteht. Wenn es allerdings dem Gründer darum geht, Lebewesen mit der Kraft der Natur zu helfen, also Mensch und Tier, dann ist das eine klare Aussage, die jeder nachvollziehen kann.[32]

Die Idee der Visionen ist nicht neu. Schon im Alten Testament ist der Satz zu finden: „Wo keine Vision ist, kommen die Menschen um“ (Sprüche 29, 18; übersetzt aus der englischen King-James-Bibel). Auch damals wussten die Gelehrten, dass Menschen Ziele und Visionen brauchten, denen sie sich anschließen konnten. Dieser Satz stammt aus der Sprüchesammlung einer äußerst spannenden biblischen Persönlichkeit. David Hulme schreibt dazu auf der Website visionjournal.de[33]: „In einer Kombination von Weisheit und Vorausschau auf weit entfernte Zeiten überließ Salomo der Nachwelt diesen Spruch (…) Der Sohn König Davids von Israel sammelte die weisen Sprüche der Altvorderen. Seine umfangreiche Sprüchesammlung ist eine Schatzkammer voll gelernter Lektionen.“ Was inzwischen bereits über 3000 Jahre alt ist, taucht in der modernen Erfolgsliteratur immer wieder neu aufbereitet auf. Somit dürfte es einen gewissen Wahrheitsanspruch haben oder zumindest einen, der auf die Nützlichkeit und Sinnhaftigkeit dieser gesammelten Weisheiten abzielt.

Die Hoffnung, etwas gemeinsam zu erreichen – dieses Ziel, dieser Traum, diese Vision –, bündelt Energien und lässt ungeahnte Ergebnisse erzielen. Man kann es mit einer Lupe vergleichen, die angenehm warme Sonnenstrahlen auf einen Punkt konzentriert. Wenn dieser Punkt auf unserer Hand liegt, werden wir in wenigen Sekunden unsere Hand wegreißen, weil die hohe Hitze wehtut. Wenn diese gebündelten Sonnenstrahlen auf trockenes Heu gerichtet werden, fängt es in Kürze an zu brennen. Es ist nach wie vor die gleich angenehme Sonnenwärme, nur diesmal gebündelt. Das machen Ziele mit unserer Energie. Und Visionen. Das

Wort Vision kommt vom lateinischen „videre“ und heißt sehen. Was sehen wir in der Zukunft? Wo sehen wir uns? Was gefällt und begeistert uns daran? Diese Bilder erzeugen Kraft. Sie setzen in uns Energien frei, um unsere Ziele zu erreichen. Wovon träumen Sie? Und wissen es alle Beteiligten im Unternehmen?

Von 4 auf 40

Als Wirtschaftswissenschafter interessiere ich mich sehr für Erfolgsbeispiele aus der Ökonomie. Eines Tages hörte ich einen Vortrag von Horst Schulze, dem früheren Chief-Operating-Officer der Luxus-Hotelkette Ritz-Carlton. Dieser Name steht für höchste Service- und Erlebnis-Qualität. Das war nicht immer so. Erst durch sein starkes Engagement wuchs die Kette erfolgreich an und bildet heute Führungskräfte aus der ganzen Welt im Bereich Service und Leadership aus. Sein Credo war ein einfaches, zugleich ein starkes: „We are Ladies and Gentlemen, serving Ladies and Gentlemen.“ Mit diesem Satz ist alles gesagt. Einerseits über die Einstellung zu sich selbst: Wer sind wir? Auch wir sind Damen und Herren, die anderen Damen und Herren dienen dürfen. Wir sind nicht irgendwer. Ein gesundes Selbstvertrauen ist gut und notwendig, um in der Top-Liga mitspielen zu können. Andererseits steht der Aspekt des Dienens in diesem Credo, und das scheint mir zentral. Erst wenn dieses Denken unsere Köpfe und Herzen füllt, wird leidenschaftlicher Service und Dienst am Kunden möglich. Service, der so gut wird, dass Menschen diesen immer wieder erleben wollen und bereit sind, dafür viel Geld zu bezahlen. Das ist aber noch nicht alles, sie erzählen ihren Freunden und Freundinnen davon und posten in ihren Social-Media-Kanälen. Das ist Werbung, die Ergebnisse bringt, die weit besser sind als jede klassische Werbeeinschaltung in Magazinen, als jedes Direct-Marketing-Instrument und jede Hochglanzbroschüre des Unternehmens. Hier sind wir bei der hohen Kunst des „viralen Marketings“ angekommen. Eigentlich ein unschönes Wort, weil es sich von Virus ableitet, also ansteckend ist und sich schnell verbreitet.

Diese zwei Tatsachen – das Bewusstsein über sich selbst und den Aspekt des Dienens – wollen und brauchen wir allerdings, denn dann erzählen Menschen über ihre Erfahrungen mit uns, und hoffentlich über die guten. Deshalb gelang es Horst Schulze, die Ritz-Carlton-Hotels von 4 auf 40 Häuser zu verzehnfachen und weltweit Führungskräfte dazu zu bringen, bei ihnen zu lernen, wie exzellenter Service durch außergewöhnliche Führung gelingt. Er war und ist sich einer sehr wichtigen Tatsache bewusst: So ein Erfolg kann nur mit den besten Mitarbeiterinnen und Mitarbeitern gelingen. Deshalb sagte er in seinem Vortrag damals: „Wir wollen nicht, dass Menschen für uns arbeiten, wir wollen, dass sie sich unseren Träumen und Zielen anschließen.“ Mir gefällt das. Es enthält Freiwilligkeit und einen hohen Anspruch. Ein Teilnehmer brachte in einem Seminar einmal den Einwand, dass man ja nicht von jedem verlangen könne, sich der Vision von Horst Schulze anzuschließen. Genau! Er will auch nicht jeden in seinem Hotel haben. Sondern nur jene, die die gleichen Ziele haben wie er: Gäste begeistern, den besten Service der Welt liefern, und das täglich. Er sagt weiter: „Wenn wir merken, es geht nicht, und wir haben ihnen geholfen, trennen wir uns von ihnen, es ist besser für alle.“ Ein klarer Ansatz: durch Feedback die Stärken bestätigen und auch Veränderungsbedarf aufzeigen. Wenn das nicht erfolgt, gibt es weitere Unterstützung, und wenn das ebenfalls nicht greift, die Trennung. So ein Prozess kann drei bis sechs Monate dauern. Spitzenservice ist nur mit Spitzeneinsatz zu erbringen und dabei zählt jeder Einzelne.

Diese Spitzenkräfte zu finden, zu halten und einen Rahmen zu schaffen, dass sie optimal leisten können, ist die nächste zentrale Führungsaufgabe.

Die zweite Führungsaufgabe

Die Nadel im Heuhaufen

Ein Krieg findet statt. Nicht auf dem Schlachtfeld, sondern zwischen den Fronten der Unternehmen. Der Krieg um die besten Talente ist schon lange entbrannt. Personalbereitsteller schalten Suchanzeigen in Zeitungen, um ihren Kunden nachzuweisen, dass sie auf der Suche nach den besten Kandidatinnen und Kandidaten sind. Die eigentliche, wesentlich effizientere Suche erfolgt allerdings ganz woanders: bei anderen Firmen, um die gewünschte Kraft abzuwerben.

Deshalb lautet die zweite Führungsaufgabe: *die besten Mitarbeiter finden, halten und einen Rahmen schaffen, in dem sie optimal leisten.*

Aber wer sind die „besten" Mitarbeiterinnen und Mitarbeiter? Lassen Sie uns dazu eine bekannte Umfrage des Gallup-Instituts als mögliche Antwort betrachten, auch bekannt als „Engagement-Index". Diese Umfrage wird regelmäßig seit 2001 durchgeführt. Das Institut befragt Mitarbeiter bezüglich ihrer Motivation und Loyalität und wie hoch die emotionale Bindung zum Unternehmen ist. Die „A-Mitarbeiter" – die Bezeichnung ist angelehnt an eine gängige „Kategorisierung der Leistung" (nicht des Menschen) – geben an, dass sie eine hohe Bindung haben, gerne arbeiten und leisten. Die „B-Mitarbeiter" machen circa 60% aller Befragten (von 1.000 Arbeitnehmern über 18 Jahren) aus, sie haben eine geringe emotionale Bindung, würden das Unternehmen also auch verlassen, wenn sie ein besseres Angebot bekämen, und sind nicht sonderlich engagiert. Diese Gruppe hat auch den Spitznamen „Nine-to-fiver", das steht für den üblichen Dienst nach Vorschrift (von 9.00 bis 17.00 Uhr). Die restlichen etwa 23% Prozent haben überhaupt keine emotionale Bindung zum Unternehmen. Die sogenannten „C-Mitarbeiter" sind aktiv unzufrieden, machen also nicht nur einen schlechten Job, sondern verbreiten zusätzlich ihre schlechte Laune in ihrer Umgebung. Und das kostet die Unternehmen richtig viel Zeit und Geld.

Eine Metapher von Jörg Knoblauch versucht zu erklären, wer wie agiert: Gibst du dem A-Mitarbeiter Erde, so gibt er dir Gold zurück. Gibst du dem B-Mitarbeiter Erde, so gibt er dir Erde zurück. Gibst du dem C-Mitarbeiter Gold, so gibt er dir Erde zurück. Die A-Mitarbeiter, leider nur ein kleiner Teil von ungefähr 15%, machen jedes Unternehmen erfolgreich. Sie sind loyal und engagiert. Der Prozentsatz der Unzufriedenen stieg im letzten Jahrzehnt jedoch stark an. Das sollte uns zu denken geben: Machen wir hauptsächlich Jobs, die uns keinen Spaß machen, sind unsere Chefs inkompetenter oder ist der Druck größer? In den letzten gut zehn Jahren blieb der Anteil von Mitarbeitern mit hoher emotionaler Bindung relativ konstant, schwankte nur um einige Prozentpunkte. Aber die Kategorie der „Unzufriedenen" wuchs von 15% auf 25% an. Das ist eine traurige Entwicklung, der mit allen Mitteln gegengesteuert werden muss, wollen wir nicht noch mehr Krankenstände aufgrund psychischer Krankheiten in Kauf nehmen. Dazu mehr etwas später, im Zusammenhang mit dem Thema Stress.

Was bedeutet diese Entwicklung für die Führungskräfte und woher kommt sie?

Im Internet kursiert ein Bild eines Zebras, das auf dem

Hals einer Giraffe sitzt. Ich zeige dieses Bild gerne in meinen Vorträgen, auch wenn es das Gegenteil von dem ausdrückt, worauf ich hinauswill. Die Bildbeschriftung lautet: „Kannst du den Freitag schon sehen?“ Ein Trend, der von den Medien leider verstärkt wird. Schon am Montag wird der Countdown zum Wochenende eingeleitet, und fast am Ende der Arbeitswoche angekommen (Donnerstag) heißt es dann: „Endlich Freitag!“ oder „Endlich Wochenende!“. Im Sommer wird von der schönsten Zeit des Jahres gesprochen, dem Urlaub. Wenn das die schönste Zeit ist, was ist dann der Rest des Jahres? Tiefe Depression? Wir arbeiten den Großteil unserer Zeit, ist es dann nicht größte Verschwendung von Zeit und Talent, wenn man diese frustriert verbringen muss?

Oft ist es nicht sofort erkennbar, ob A-, B- oder C-Mitarbeiter vorhanden sind und ob jemand frustriert oder unglücklich ist, denn wir Menschen haben gelernt, unsere Rollen gut zu spielen. Genau das festzustellen ist aber Aufgabe der Führungskräfte. Es ist wichtig rechtzeitig zu bemerken, wann ein Mitarbeiter Tendenzen zeigt, nicht mehr ausgefüllt und glücklich in dem, was er tut, zu sein. Somit können schon vorher Maßnahmen ergriffen werden, damit es nicht so weit kommt. Das regelmäßige, strukturierte und persönliche Mitarbeitergespräch bekommt an dieser Stelle hohe Bedeutung. Viele Unternehmen haben hier noch Umsetzungsbedarf, da dieses Instrument in der Praxis nicht gut gelebt wird. Leider kann man einen C-Mitarbeiter nicht wirklich zu mehr Leistung bewegen. In so einem Fall ist die Notwendigkeit einer Trennung gegeben. Es ist für beide Seiten besser.

In einer Bankfiliale sank über die Jahre die Stimmung. Eine Teilnahme an einer Mitarbeiterbefragung durch ein externes Institut zeigte es in einer messbaren Zahl auf: Die Filiale war schlechter als alle anderen in ihrer Region. Wir starteten ein Bündel von Maßnahmen, um diesem defizitären Zustand zu begegnen. Das ging vom Einzel-Coaching des Filialleiters über vertrauliche Einzelgespräche mit Mitarbeitern bis hin zu gemeinsamen Team-Workshops. Dabei wurde schnell klar, dass einige wenige massiv unzufrieden waren. Einer der Gründe war Unterforderung. Ein anderer war, dass sie sich schlicht zwischenmenschlich nicht verstanden. Eine der Lösungsmaßnahmen am Ende war, eine der Mitarbeiterinnen mit ihrem Einverständnis in eine andere Filiale zu versetzen. Die Chefin nahm sich wieder mehr Zeit für Führungsaufgaben und delegierte verschiedene Bereiche an ihre Mitarbeiter. Die Stimmung verbesserte sich. Natürlich nicht nur wegen dieser Einzelmaßnahmen. Auch die besagte Mitarbeiterin fühlte sich in der neuen Filiale wohler. Die verbliebenen Mitarbeiter definierten „Spielregeln" für ein besseres Miteinander.

Aus einem B-Mitarbeiter kann vielleicht noch ein A-Mitarbeiter gemacht werden, wenn zum Beispiel die Arbeitsinhalte oder Verantwortungsbereiche verändert werden. Bei dieser „Kategorisierung" geht es in keiner Weise um den Wert eines Menschen. Der ist immer hoch und immer gleich. Inhalt dieser Sichtweise ist Leistung, die man auch messen kann und die von jedem erbracht werden muss. Wer richtig eingesetzt ist, erbringt sie gerne, dort wollen wir hin.

Sobald das Bewusstsein für diese wichtige Führungsaufgabe vorhanden ist, kann dieser Ansatz vertieft werden. Im Vorwort ging es unter anderem um die Formel zum Leistungsglück. Darin enthalten waren die Faktoren Freiheit und Umgebung. Diese Freiheit kann in beruflicher Hinsicht den Mitarbeiterinnen und Mitarbeitern nur von den Führungskräften eingeräumt werden: Freiheit zur Umsetzung, Freiheit, Fehler machen zu dürfen, Freiheit, entscheiden zu dürfen. Die Alternative zu diesen Möglichkeiten sind Mitarbeiter, die dem Kunden sagen müssen: „Das weiß ich nicht, da muss ich erst den Chef fragen." Freiheit motiviert. Und bedeutet natürlich auch Verantwortung. Aus Fehlern muss gelernt werden, zu Entscheidungen muss gestanden werden. Aber genau das lässt die Menschen wachsen. Und der Wunsch zu wachsen ist uns mitgegeben, er ist ganz natürlich. Wenn wir das nicht können, schauen wir uns nach anderen Möglichkeiten um. So verlassen die besten Mitarbeiter das Unternehmen und viel Potenzial, Erfahrung und Wissen gehen verloren. Mitarbeiterinnen und Mitarbeiter verlassen aber nicht das Unternehmen, sie verlassen ihren Chef. Damit sind wir wieder bei der Verantwortung der Führungskräfte. Genau aus diesem Grund widme ich diesem Thema etwas mehr Platz in diesem Buch. Weil in dieser Beziehung immer noch vieles schiefläuft, und das müsste nicht so sein. Unlängst wurde in einem kleineren Unternehmen einer langjährigen Mitarbeiterin gekündigt, weil sie mit ihrer neuen Chefin nicht zurechtkam. Sie verweigerte ihr die Unterstützung und hielt wichtige Daten zurück. Manchmal liegt es am Mitarbeiter, manchmal am Chef. Die Führungskraft ist auf jeden Fall herausgefordert, insbesondere ihr Kommunikationstalent ist gefragt. Denn es geht nicht um Strenge, es geht um die Art und Weise, wie Feedback gegeben wird, wenn überhaupt. Leider kommen viel zu oft Spezialisten mit hohem Fachwissen in Führungspositionen. Aber nur weil jemand gut in seinem Gebiet ist, heißt es noch nicht, dass er auch ausgeprägte soziale Kompetenzen hat. Das trifft natürlich genauso auf die Mitarbeiter zu, denn eine andere Tatsache ist, dass Menschen wegen ihrer Qualifikationen eingestellt, aber aus Charaktergründen wieder entlassen werden.

Ob man diese sozialen Kompetenzen, die eine Führungskraft braucht, in Seminaren und Kursen lernen kann, lasse ich einmal dahingestellt, nachdem ich viele Jahre in dieser Branche gearbeitet habe und immer noch arbeite. Aber eines ist sicher: Jene, die wollen, lernen gerne und leicht dazu. Bei allen anderen sollte man sich die Zeit und das Geld sparen. Im Film „Der Medicus“ führt der große Lehrmeister – genial gespielt von Ben Kingsley – die Schüler in die hohe Kunst der Heilung ein. Die Arbeit mit den Menschen steht dabei im Vordergrund, er sagt: „Wir behandeln keine Krankheiten, wir behandeln Menschen mit Krankheiten.“ Für viele seiner Schüler ist das ein neuer Denkansatz, der schließlich in der Handlung und im Umgang mit den Patienten dazu führt, dass sie sich zuerst namentlich vorstellen und den Namen des Patienten erfragen, ihn sogar um Erlaubnis bitten, ihn behandeln zu dürfen. Ein radikaler, menschenorientierter Ansatz, speziell für jene Zeit. Die Kunst der Heilung war im damaligen Orient eine sehr ausgeprägte, im Vergleich zum dunklen Mittelalter Europas, in dem die sogenannten „Bader“ eher schlecht ausgebildete Quacksalber waren, die alles Mögliche gegen alles Unmögliche verkauften. Dementsprechend schlecht ging es den Menschen, sie hatten auch eine kurze Lebenserwartung. Dieses System hat sich massiv verbessert. Aber viele haben bis heute nicht verstanden, dass es in der Medizin um den Menschen geht, nicht nur um seine Krankheiten. Wenn wir das verstehen würden, könnten wir mehr bewirken, als Führungskraft genauso wie als Mitarbeiter im Krankenhaus oder im Kundenkontakt, egal, ob draußen im Verkauf oder intern am Telefon.

Employer Branding heißt das Zauberwort, auf das sich viele Unternehmen stürzen, sie wollen ihren Ruf als Marke aufbauen, um im Arbeitnehmermarkt interessant zu sein und künftige Bewerber leichter zu rekrutieren. Eine gute Idee, denn wie schnell sich der Ruf zerstören lassen kann, haben viele Beispiele aus der letzten Zeit gezeigt. Denken Sie nur an Amazon und die negative Berichterstattung über den Umgang mit Angestellten und Leiharbeitern. Oder den

ADAC mit dem Vorwurf der manipulierten Autowahlen, den zum Verkauf von hauseigenen Batterien angehaltenen Servicemitarbeitern oder den im Rettungshubschrauber herumfliegenden Vereinsvorständen. Diese Liste ließe sich leider lange fortsetzen.

Mitarbeiter, vor allem die nachkommende junge Generation, wollen für „gute" Firmen arbeiten, für Unternehmen mit einem guten Ruf. Gut kann dabei eine vielseitige Bedeutung haben. In Amerika stellen sich die motivierten Jungen bei Google an, in Österreich bei Red Bull und in Deutschland bei Audi und BMW, um nur ein paar Beispiele zu nennen. Diese Unternehmen können aus dem Vollen schöpfen. Sie haben es geschafft, einen Top-Ruf aufzubauen. Viele andere suchen aufwendig nach guten Leuten. Wenn diese dann gefunden sind, ist es noch wichtiger, sie zu halten, denn mit jedem Mitarbeiter, der kündigt oder wechselt, gehen unwiederbringlich wertvolles Unternehmenswissen und -erfahrung verloren. Dieser zweite Aspekt führt unmittelbar zum dritten: den Rahmen schaffen für optimale Leistung. Es ist nicht die Aufgabe der Führungskaft, jeden Mitarbeiter ständig zu motivieren, das kann nicht einmal der beste Motivationstrainer. Es ist allerdings das gute Recht der Führungskraft, von einem Mitarbeiter, der Lohn oder Gehalt bekommt, zu verlangen, dass er von sich aus motiviert ist. Reinhard Sprenger sagte einmal: „Führungskräfte, Sie müssen Ihre Mitarbeiter nicht motivieren, hören Sie einfach nur auf, sie zu demotivieren." Ein guter Ansatz. Demotivation entsteht durch vielschichtige Möglichkeiten: fehlendes Feedback, Kritik vor der ganzen Gruppe, Bloßstellung, keine Information u.v.a. Da ich immer daran interessiert bin, wie es richtig geht, lassen Sie uns lieber die konstruktiven Varianten betrachten. Ein Aspekt davon ist, das Team möglichst bunt zusammenzustellen. Wozu soll das gut sein? Es bringt Vielfalt, Spannung und Kreativität. Der Mensch ist ein Herdentier, um einen Ausdruck aus der Tierwelt zu gebrauchen. Wenige von uns sind Einzelkämpfer. Eine gewisse Spannung ist notwendig, um Neues entstehen zu lassen. Von Winston Churchill kennen wir den Satz: „Wo zwei einer Meinung sind, ist einer überflüssig." Lassen Sie uns im Folgenden die Vorteile einer Zusammenarbeit betrachten und Modelle finden, die diese Ansätze erfolgreich integrieren. Bevor wird das tun, möchte ich diese zweite Führungsaufgabe mit den Worten des Talenteforums Oberösterreich zusammenfassen. Dort stand zu lesen: „Führung heißt, den Zögernden helfen, Anfangsängste abzubauen. Die Lernenden unterstützen, ihre Ziele zu erreichen und die Könner beflügeln, ihre Talente auszuschöpfen."

Ein schöner Satz, der die komplexen Aufgaben einer Führungskraft wunderbar auf den Punkt bringt. Er sagt, warum es gute Führungskräfte geben muss und was es braucht, um die unterschiedlichsten Mitarbeiter mit ihren Eigenheiten, Stärken und Schwächen „richtig" einzusetzen.

Der Rahmen für besonderes Arbeiten: die Umgebung

Selbstständig und trotzdem im Team. Allein und trotzdem gemeinsam. Die Idee der Symbiose, abgeleitet aus der Natur, wird in einer besonderen „Büro-Gemeinschaft" kreativ umgesetzt und gelebt. In der Küche treffen sich die Mitarbeiterinnen, um spontan Ideen auszutauschen, währenddessen wünscht der Gesprächspartner dem neu hinzugekommenen Dritten guten Appetit auf Spanisch. In der Ecke telefoniert einer mit britischem Akzent und sagt seinem Gesprächspartner auf Englisch, er solle die Situation mit seinem Bruder endlich klären. Für solch persönliche Gespräche gäbe es theoretisch auch zwei Telefonräume. Aber es scheint ihn nicht zu stören, dass ich unmittelbar auf der Couch neben ihm sitze und an meinem Laptop – heute als Gast hier – arbeite. Vielleicht täuschen auch die Kopfhörer, die sanfte Klassik-Töne in meinen Gehörgang befördern, allerdings nur leise, ich will von der Umgebung noch etwas mitbekommen. In der Küche stehen Äpfel, Kekse und Tee bereit, frei verfügbar für jeden. Die Gründerin des „Salzburg Coworking Space", in dem ich mich heute befinde, Romy, führt mich durch die Räume, wir plaudern anschließend in der Küche über die Idee und die Umsetzung. Viele Städte bieten diese Möglichkeit zu arbeiten an, je größer die Stadt, desto mehr „shared offices" gibt es, San Francisco (der Namensgeber dieses Systems), Barcelona, Wien, München, Salzburg und ständig werden es mehr. Es sind große Büroflächen, die von jemandem angemietet werden, der die Fläche anderen Menschen zum Mieten anbietet. Der größte Vorteil ist der, zwar allein zu arbeiten, aber trotzdem nicht allein zu sein. Die Idee fasziniert mich. Ich probiere sie aus. Der „Schnuppertag" ist kostenlos. Eigentlich wollte ich arbeiten, aber die Gespräche mit den Menschen und die kleinen und großen Entdeckungen bringen eine unerwartete, aber interessante Ablenkung. Mit Web-Programmierer Martin plaudern wir in der Küche über sinnvolle und unsinnige NLP-Ausbildungen. Zurück an den Laptop. Auf dem Weg dorthin kommt mir die aktuelle Ausgabe des Magazins „brand eins" unter, oje, schon wieder eine willkommene Ablenkung. Die muss ich lesen! Also mit auf die Couch. Dort lege ich sie erst mal auf die Seite, um doch ein paar Seiten meines Buchs weiterzuschreiben. Arbeiten kann man hier gut, Rückzug ist genauso möglich wie Austausch.

Inzwischen ist es Mittag und ein junger Mann mit markanter Brille fragt mich, ob ich rüber in die Kantine zum Essen mitgehen möchte. Klar will ich das. Also Laptop weggelegt, ab zum Essen. Beim Gespräch mit Claudia meine ich, dass es ein Vorteil ist, die Kantine gleich nebenan zu haben. Sie antwortet darauf mit einem Schmunzeln, dass selbige eher eine „Lückenfüller-Funktion“ erfüllt. Beim Probieren meines Kartoffel-Karfiol-Auflaufs in Tomatensauce verstehe ich, was sie meint. Es war kein Gourmet-Menü, aber wir sind satt. Und wir sitzen wieder kurz zusammen und tauschen uns aus. Romy erzählt, dass in dem knapp 400 m^2 großen Büro Menschen aus sieben Ländern sitzen, stehen und arbeiten. Niko aus Argentinien, der sich lieber allein in der Küche seine Pizza schmecken lässt. Mary aus Australien, Per aus Schweden, Eric aus Frankreich und Silvia aus Italien schätzen diese Form des Arbeitens genauso. Einige von ihnen hat es der Liebe wegen hierher verschlagen. Nichtsdestotrotz könnten sie auch allein zu Hause sitzen, sie wollen allerdings lieber zusammen hier arbeiten, jeder an seinem Projekt und für seine Kunden, trotzdem in Gemeinschaft. Manchmal entsteht daraus sogar ein neues Geschäft, unterstützt durch Abende namens „Show-Time“. Wenn es wieder einmal einige Neue gibt, trifft sich die ganze Mannschaft und jeder stellt in fünf Minuten vor, was er macht und anbietet. Neue Synergien und Kooperationen sind die Folge, Hand in Hand mit neuen Aufträgen. Vielleicht nicht sofort, aber viele brauchen eine starke Website, schöne Grafiken, kompetentes Marketing und Suchmaschinen-optimierte Schlagwörter, um nur einen kleinen Auszug aus den möglichen Angeboten zu nennen.

Ein geschätzter Kollege wendet dieses System gerade in Berlin an, er hat sich ein größeres Büro gemietet und lädt per Facebook ein, sich bei ihm um einen der Büroarbeitsplätze zu bewerben. So kann er sich aussuchen, mit wem er zusammenarbeiten möchte und wer „dazu passt“. Wobei Letzteres nicht immer notwendig ist. Gerade die Andersdenker bringen neue Impulse und fördern so neue Zugänge. Das bringt

Peter Kruse[34] in einem seiner YouTube-Filme gut auf den Punkt. Er sagt: „Erhöhen Sie die Unterschiedlichkeit und dadurch die Spannung im System, das kann kulturell oder stilmäßig sein. Fördern Sie Diversity. Harmonische Systeme sind dumme Systeme. Geben Sie Querdenkern eine Chance, lassen Sie die Störer zu und – das ist jetzt trivial – bauen Sie Netzwerke. Netzwerke, in denen der chinesische Kollege interagieren muss mit dem deutschen Kollegen. Kreative Lösungen sind die Folge."

Genau dieser Ansatz wird in dem Modell der „Coworking Spaces" gelebt. Natürlich herrscht in diesen Büros ein Kommen und Gehen, kleine Unternehmen sperren manchmal wieder zu oder wechseln die Stadt. Dafür kommen neue. An dem schon beschriebenen kostenlosen Probetag kann jeder Interessent etwas von der Atmosphäre mitbekommen, das lohnt sich auf jeden Fall. Freie Schreibtische gibt es auch noch. Für einen Tag, eine Woche oder einen Monat. Zu fairen Preisen. Dieses Modell wird noch lange existieren und sich ausbreiten.

Manchmal schaffen Führungskräfte den Rahmen für besondere Leistungen ihrer Mitarbeiter im Unternehmen. Manchmal schaffen die Menschen ihn sich selbst, als Freigeist, als Selbstständiger, als Unternehmerin oder Unternehmer. Allein oder im Team. Die Auswahl ist groß, und das ist gut so.

Tierisches Teamwork

Diese Form der Zusammenarbeit, des Zusammen-Lebens, der Koexistenz wird von der Natur vorgezeigt. Symbiotische Partnerschaften sorgen dafür, dass es allen Beteiligten gut geht und jeder Nutzen von der Existenz des ande-

Durch intelligente Kooperation sichern sich Lebewesen auch eigene Vorteile, Alleingang wäre fatal, weil lebensbedrohlich.

ren hat. Vögel auf den Schultern von Büffeln picken lästige Parasiten weg, haben so Futter und der Bulle fast seine Ruhe. Putzfische auf größeren Fischen wenden dieses Prinzip ebenfalls an. Bienen und Pflanzen ergänzen sich nicht nur, sie brauchen einander, zum Bestäuben, für Nahrung, zum Leben. Apropos Bienen: Bienenvölker sind ein wunderbares Beispiel, um Kooperation zu verstehen: Jede Biene hat ihre Aufgabe, es gibt Kundschafter, Wächter, Arbeiterinnen und natürlich die Königin, die für den Nachwuchs sorgt. Wird es zu kalt, rücken alle eng aneinander, um sich gegenseitig zu wärmen und vor allem den Schutz des Nachwuchses zu garantieren. Die äußeren Bienen sind in einer unangenehmen Lage, aus diesem Grund wird regelmäßig gewechselt. Auch wenn ein Feind angreift, wird die Taktik des „zusammen sind wir stark“ angewandt: Die Bienen vibrieren intensiv mit ihrem Rumpf, sodass die Temperatur stark ansteigt und der eingedrungene Feind – zum Beispiel Hornissen – sterben. Genial, oder?

Eine einzelne Biene würde gegen die größere Hornisse im direkten Kampf nie bestehen, aber zusammen überwinden sie den Feind. Auch Fische nutzen dieses Prinzip. Sie haben sogar ein eigenes „Schwarmsinnesorgan“ (ein Seitenlinienorgan zur Abstandsmessung), das die unmittelbare Nähe zum nächsten Nachbarn beobachtet und bei dessen Kursänderung für blitzschnelle Anpassung sorgt. So bewegt sich ein großer Schwarm harmonisch und fließend durch das Gewässer, wirkt für Angreifer größer und ist somit schwieriger zu besiegen. Ein einzelner Fisch wäre genauso schnell gefressen wie ein einzelner kleiner Vogel von einem größeren Raubvogel. Deshalb kann man zum Beispiel bei Staren dieses Schwarmverhalten beobachten. Für den Angreifer wird es schwieriger, seine Beute zu finden, die kleinen Vögel erhöhen ihre Überlebenschance. Auch hier ist die Strategie des Teamworks entscheidend und beeindruckt zugleich: „Während der Wanderung ist der Schwarm für Stare überlebenswichtig. Versucht ein Raubvogel, Beute zu machen, umzingeln und bedrängen ihn die Stare, bis er keinen Platz mehr hat, mit den Flügeln zu schlagen. Der Raubvogel fällt dann einfach aus dem Schwarm heraus. Das gibt den Staren Gelegenheit zur Flucht. Durch den Flug in der Gruppe sparen Stare außerdem Energie: Mit dem Flügelschlag erzeugen sie Luftwirbel, die anderen Vögeln Auftrieb geben. Auf langen Reisen wechseln sie auch deshalb regelmäßig die Plätze.“[35] Großartig, diese Kreativität der Schöpfung.

Auch wir Menschen haben das Zusammengehörigkeitsgefühl instinktiv mitbekommen: Wir sehnen uns nach der Familie, den Freunden, der Gruppe, zu der wir gehören wollen, auch beruflich. Wir sind genauso Herden- und Rudelwesen. Im Film „Findet Nemo“ werden in einer Schlussszene viele Fische durch das Netz eines Fischerbootes gefangen, so auch der kleine Nemo. Sein Vater hat ihn nach langer Suche gerade eben erst wiedergefunden. Jetzt sitzt er in der nächsten Falle. Er will ihn befreien. Doch was kann er tun? Allein hat er natürlich keine Chance. Er beobachtet eine Tatsache, die ich manchmal in Unternehmen sehe: Jeder kümmert sich um sein Schicksal und sieht das des anderen nicht. So auch die Fische, sie schwimmen aufgeregt in alle möglichen Richtungen, können aber durch das sie umgebende Netz nichts ausrichten. Nemo schafft es, angespornt durch seinen Vater, ihre Aufmerksamkeit zu gewinnen und sie sogar dazu zu bekommen, gemeinsam in eine Richtung zu schwimmen, und zwar nach unten. So entsteht eine große Kraft und tatsächlich – das Netz reißt, die Fische sind befreit. Es braucht Führungskräfte, die diese Vielfalt bündeln und die Unterschiedlichkeit moderieren. Der Polar-Forscher Ernest Shakleton hat diese Meisterleistung bereits vor über 100 Jahren vollbracht, als sein Schiff „Endurance“ im Packeis stecken blieb. Es dauerte zwei Jahre, bis er es schaffte, seine komplette Mannschaft, das waren knapp 30 Mann, gesund nach Hause zu bringen. Über diese Geschichte und seinen Führungsstil wurden bereits Bücher geschrieben und Sendungen gedreht, weil es tatsächlich eine mehr als schwierige Situation war, und das ist noch untertrieben.

Was im Schwarm fast von allein geht, schaffen wir Menschen in unseren Teams noch nicht, obwohl es auch hier schon Ausnahmen gibt. Orchester, die ohne Dirigenten auskommen wie das KoD Dresden[36] oder die Deutsche Kammerphilharmonie Bremen[37]. Eine weitere interessante Ausnahme ist das brasilianische Unternehmen Semco, bei dem sich die Teams selbst steuern, Mitarbeiter ihre eigenen Gehälter festlegen und entscheiden, wann sie wo wie viel arbeiten. Für Chef Ricardo Semler zählen unterm Strich die Ergebnisse. Seine Maxime lautet: „Do it your way, see if I care" – Mach es, wie du meinst, du merkst dann schon, wenn ich eingreife (was ich nicht vorhabe). Viele Talente bewerben sich bei diesem Unternehmen, da sie eine neue Art zu arbeiten miterleben wollen. Semler selbst hatte erst nach einem schweren Zusammenbruch sein Konzept radikal umgestellt und eine Umgebung geschaffen, die den Menschen nicht krank macht, sondern fördert. Seine Bücher haben provozierende Titel wie „The Seven-Day Weekend". Darin zeigt er, wie er ein kleines Familienunternehmen in ein hochprofitables Unternehmen geführt hat, das 40-mal so groß ist wie zum Ausgangspunkt, während er zeitweise in der Hängematte liegt oder nachmittags mit seinem Sohn ins Kino geht. Das renommierte „Wall Street Journal" wählte ihn zum lateinamerikanischen Geschäftsmann des Jahres 1990. Semco zählt zu den am schnellsten wachsenden Unternehmen Lateinamerikas. Polly LaBarre bringt es auf managementexchange.com in einem spannenden Artikel über dieses Unternehmen bereits im Titel gut auf den Punkt: „Vergessen Sie Empowerment – Fördern Sie das Hochgefühl"[38]. In seiner Buch-Einleitung stellt Semler bereits ungewöhnliche, aber spannende Fragen: „Warum sind wir in der Lage, E-Mails am Sonntag zu beantworten, können aber nicht montagnachmittags ins Kino gehen?", „Warum können wir unsere Kinder nicht in die Arbeit mitnehmen, obwohl wir immer wieder Arbeit mit nach Hause nehmen?", „Warum glauben wir, dass das Gegenteil von Arbeit Freizeit ist, obwohl es Inaktivität ist?"

Das sind radikale Ansätze, die, wenn sie umgesetzt werden sollen, bestimmte Anforderungen an alle Beteiligten im System stellen. Viele Unternehmen sind schlicht noch nicht bereit für eine „neue" Art zu arbeiten. In der Regel und beim Großteil der heutigen Unternehmen ist es immer noch eine wichtige Aufgabe von den Leitern, ihr Team optimal aufzustellen, einzuteilen und auszurichten. Ein Unternehmen kann dieses System darstellen, indem der Einzelne Schutz und Nahrung findet, Energien gebündelt werden, um Krisen zu bewältigen und schwere Zeiten zu überstehen. Die Ellbogenmentalität bringt zwar Einzelne voran, aber diese sind dann recht schnell allein. Ob dieser hohe Preis diese Strategie zum Erfolg rechtfertigt? Das hängt von unseren Überzeugungen und Werten ab. Einzelne werden sagen: Ja. Zusammenarbeit ist lästig und unnötig. Der Einzelne – am besten ich – soll gewinnen. Andere setzen auf Kooperation. Was wollen wir und was ist uns wichtig? Was will unser Unternehmen und was ist dem Unternehmen wichtig? Darüber zu reden und es sich klarzumachen, ist ein wichtiger Schritt in jedem Strategieprozess. Wenn schon nicht von Anfang an, dann spätestens auf dem gemeinsamen Weg. Egal wie groß oder klein das Unternehmen ist, Werte gehören geklärt, niedergeschrieben und vor allem gelebt. Vorgelebt von den Führungskräften. Denn sonst ergeht es uns so, wie im nächsten Kapitel beschrieben.

Ich kann deine Worte nicht hören, deine Taten sind so laut

„Eine Firma bekommt einen neuen Chef, der für seine Härte bekannt ist. Er duldet keinen, der nicht 120 Prozent bei der Arbeit gibt, und ist bekannt dafür, Arbeiter, die nicht alles geben, sofort zu feuern. Am ersten Tag wird er durch die Büros geführt und der Chef sieht, wie ein Mann sich gegen die Wand im Flur lehnt. Alle Mitarbeiter können ihn sehen und der Chef denkt, hier hat er eine gute Gelegenheit, den Mitarbeitern zu zeigen, dass er Faulheit nicht duldet. Er geht zu dem Mann und fragt ganz laut: ‚Wie viel verdienen Sie in der Woche?‘ Ein bisschen überrascht antwortet der Mann: ‚300 Euro die Woche, wieso?‘ Der Chef holt seine Geldbörse heraus, gibt ihm 600 Euro und schreit ihn an: ‚Okay, hier ist dein Lohn für zwei Wochen, nun *hau ab* und du brauchst gar nicht wiederzukommen!‘ Der Chef fühlt sich toll, weil er allen gezeigt hat, dass Faulheit nicht mehr geduldet wird, und fragt die anderen Mitarbeiter: ‚Kann mir jemand sagen, was dieser faule Sack hier gemacht hat?‘ Mit einem Lächeln im Gesicht sagt einer der Mitarbeiter: ‚Pizza geliefert!‘“

Diese Geschichte wurde vor Kurzem von einer Kollegin auf Facebook gepostet, ich fand sie gleichzeitig witzig wie auch traurig. Weil es tatsächlich noch zu viele Chefinnen und Chefs gibt, denen es mehr um Machtdemonstration geht als um die Förderung der besten Talente. Wie kommen wir aus dieser Falle? Mutige Chefs stellen sich dem Feedback ihrer Mitarbeiter. Wenn selbige keine Angst vor negativen Konsequenzen haben, weil es sie auch nicht gibt, ist die Chance hoch, dass das Feedback ehrlich gegeben wird. „Auch Erfahrene lernen noch dazu und machen Fortschritte in der Kunst, die Aufgaben des Lebens zu bewältigen“, schrieb vor etwa 3000 Jahren schon König Salomo in seinem Kapitel 1, Vers 5 der Sprüche (Die Gute Nachricht).

Trauen wir uns, Feedback einzuholen, damit dazuzulernen und eventuell sogar Fehler zuzugeben, wenn sie geschehen sind? Es erfordert mehr Größe, einen Fehler einzugestehen und um Entschuldigung zu bitten, als ihn unter den Teppich zu kehren. Wenn wir von unseren Mitarbeiterinnen und Mitarbeitern Spitzenleistung verlangen, sollten wir sie vorleben, auch in charakterlicher Hinsicht. Dass das nicht immer gelingt, liegt in der Natur des Menschen.

Um trotzdem gestärkt aus Rückschlägen und Fehlern hervorzugehen, könnte folgender Satz eine gute Richtungsweisung geben: „War der Tag nicht dein Freund, so war er dein Lehrer.“[39] Entweder lief etwas gut, oder wir haben etwas lernen dürfen. Als Steve Jobs, der damalige Apple-Chef, mit Fehlern des neuen iPhone 4 konfrontiert wurde (der Empfang war dadurch gestört, wenn man das Handy fest in der Hand hatte, die Antenne war außen eingebaut), stellte er sich nicht auf die Bühne und wehrte sich oder griff seine Kritiker an, vielmehr löste er es elegant, indem er darüber sprach, was Apple aus dieser Situation „gelernt" habe und wie sie gedachten, das Problem zu beheben. Das war ein schönes Beispiel dafür, dass im Eifer und im Bestreben, ständig neue Top-Produkte auf den Markt bringen zu wollen und auch zu müssen, Fehler passieren können und werden. Sie zu lösen, daraus zu lernen und sie nicht mehr zu machen ist die Aufgabe jedes Einzelnen, vor allem von Führungskräften. Im Schindlerhof in Nürnberg, dem besten Seminarhotel Deutschlands, wird der Fehler des Monats gefeiert. Klingt lustig? Ist es auch, wenn die Flasche Sekt geköpft wird und darüber gelacht wird, was so richtig schiefgelaufen ist. Allerdings stellt der Inhaber des Hotels zwei Regeln dazu auf: Alle lernen aus dem Fehler und er passiert kein zweites Mal. Nur wer es schafft, eine angstfreie Fehlerkultur zu schaffen, kann damit rechnen, dass Mitarbeiter kreativ Neues probieren, es wagen, etwas anders zu machen als bisher, und nicht sagen: „Da muss ich zuerst den Chef fragen." Führungskräfte führen durch ihr Vorbild und schaffen damit den Rahmen, der die Talente ihrer Mitarbeiter hervorbringt oder beerdigt. Im letzteren Fall werden die High Potentials das Unternehmen über kurz oder lang verlassen.

Marmor aus Siena und Verona, Mahagoni aus Kuba

Natürlich braucht es einige Zeit, bis die Mitarbeiter so weit sind, selbstständig entscheiden zu können, und sich das auch trauen. Deshalb sind verschiedene Führungsstile wichtig, je nach Qualifikation des Mitarbeiters. Das geht vom direkten Anleiten („Tu es so“) über das Trainieren („Wenn du es so machst, könnte es klappen, probier es mal aus“) bis hin zum Delegieren („Wir brauchen folgendes Ergebnis, du weißt, was zu tun ist“). Gute Führungskräfte bilden sich ständig weiter, auf der Suche nach mehr Menschenkenntnis und mehr Führungs-Know-how, um die beste Leistungsumgebung für ihre Mitarbeiter zu schaffen. Keiner von uns weiß alles von Geburt an. Das ist das Schöne in unserem Leben, dass wir ständig die Möglichkeit haben zu lernen, egal wie alt oder jung wir sind, wie erfahren oder unerfahren. Nur abgehobene oder arrogante Persönlichkeiten glauben, nichts mehr dazulernen zu müssen oder zu brauchen. Wer aufgehört hat, zu lernen, neugierig zu sein, zu entdecken, Fehler zuzugeben, hat aufgehört, gut zu sein. Top-Führungskräfte wissen das und bleiben bescheiden. Sie führen den Erfolg des Unternehmens auf ihre Mitarbeiterinnen und Mitarbeiter zurück. Und sie sagen es ihnen auch.

In Berlin gibt es seit vielen Jahren ein besonderes Hotel, es hat eine bewegte Geschichte, die sogar einen Weltkrieg inkludiert. Es wurde zur Jahrhundertwende eröffnet und war einzigartig für die damalige Zeit. Das Magazin „Der Spiegel“ schreibt: „Seit der Eröffnung am 23. Oktober 1907 war das Adlon eine Sensation. Solchen Luxus gab es nirgends sonst: Marmor aus Siena und Verona, Mahagoni aus Kuba, bemaltes Sykomorenholz, üppige Deckengemälde. Die Presseberichte überschlugen sich. Schwarzer und weißer Marmor glänzt an allen Ecken. Die reichgezierten Kapitelle der Säulen sind aus edlen Metallen. Trotz dieses Riesenaufwandes findet man keine protzigen Überladungen. Unerhört auch die Summe, die all dies verschlungen hatte: 20 Millionen Goldmark, nach heutiger Rechnung etwa 400 Millionen. Die Berliner jedoch zeigten sich anfangs nicht so begeistert wie der Kaiser. Sei's drum. Die Großen und Berühmten der damaligen Welt nahmen das Adlon schnell in Besitz. Enrico Caruso wurde Stammgast.“[40]

Das Hotel hatte, wie alle anderen auch, Höhen und Tiefen. Es hätte beinahe sogar den Zweiten Weltkrieg überstanden. Bei der Plünderung des Weinkellers gerieten ein paar Strohballen in Brand. Das Feuer verschlang das ganze Hotel. Erst im Sommer 1997 eröffnete es runderneuert wieder seine Pforten, die Kempinski Hotelgruppe machte es möglich. Heute strahlt es wieder in neuem Glanz. Wenn man zu den Anfängen zurückgeht, lernt man eine besondere Führungspersönlichkeit kennen: Lorenz Adlon. Der Gründer des gleichnamigen Hotels ist nicht nur ausgesprochen geschäftstüchtig, er ist auch Visionär und behandelt seine Mitarbeiter gut. In der mehrteiligen Fernseh-Doku, die es inzwischen auf DVD gibt[41], sieht man eine Szene, in der der Seniorchef das Hotel verlässt, ein Mitarbeiter plaudert kurz mit ihm. Dabei fällt ein Satz auf, den Adlon senior zu diesem Mitarbeiter sagt: „Das Hotel ist deshalb so gut, weil Menschen wie Sie hier arbeiten.“ Was für ein Lob, was für eine Anerkennung für diesen „einfachen“ Mitarbeiter, der an der Tür steht und die Leute empfängt oder verabschiedet. Glauben Sie, dass jemand wie dieser Mitarbeiter loyal sein wird, zum Chef, zum Unternehmen, auch in schwierigen Zeiten? Ich glaube eindeutig ja. Und er wird in den höchsten Tönen vom Hotel sprechen, bei jeder Gelegenheit, die sich ihm im privaten Kreis bietet. Damals gab es das Wort „Employer Branding“ noch nicht. Aber gelebt wurde es. Indem es Chefs wie Lorenz Adlon gab, der die Größe hatte, andere aufzuwerten, statt abzuwerten. Er war innerlich selbst so groß, dass er keine Angst davor hatte, jemandem ein gutes Gefühl zu geben. Er musste andere nicht kleinmachen, damit die nicht größer wurden als er selbst.

Es sind diese Grundcharakterzüge von Menschen, die einen Unterschied machen, vor allem, wenn uns die Führung von Menschen anvertraut ist. Dabei geht es nicht um eine gespielte Freundlichkeit, denn diese wird schnell enttarnt, es geht um echte, authentische Freude am Menschen, an Beziehungen. Daran erinnert auch eine Szene in einem Hollywood-Streifen, die sich nicht nur an Führungskräfte richtet, sondern an uns alle, ich komme gleich auf diese Szene zu sprechen. Gerade Führungskräfte brauchen die Erinnerung, worauf es bei guter Führung ankommt, immer wieder, mich eingeschlossen. Von Jack Welch, der vom Wirtschaftsmagazin „Fortune" zum „Manager des Jahrhunderts" gewählt wurde, kennen wir folgenden Satz: „Vergessen Sie Ihre externen Konkurrenten, wenn Ihr schlimmster Feind die Art und Weise ist, wie Sie im Unternehmen miteinander kommunizieren." Die Macht unserer Worte war schon vor langer Zeit bekannt, König Salomo, den ich für seine Weisheiten immer wieder neu zu schätzen lerne und den ich schon erwähnt habe, schrieb dazu: „Die Worte mancher Leute sind wie Messerstiche; die Worte weiser Menschen bringen Heilung." (Sprüche 12, 18) Wie schnell geht uns ein Wort, ein Satz von den Lippen, ohne dass er unser Gehirn besucht hätte? Geht uns, wie Modestar Karl Lagerfeld es in einem Interview bekannte, so manches durch den Mund, bevor es durch den Kopf geht?

Mit der Wirkung unserer Sprache spielt auch ein bewegender Werbespot, er hat es tatsächlich einmal geschafft, dass einige meiner Seminarteilnehmerinnen in einer Trainer-Ausbildung Tränen in den Augen hatten. Was wurde da gezeigt? Leicht melancholische Klaviermusik im Hintergrund ist hörbar. Junge Menschen unterhalten sich auf einem öffentlichen Platz. Ein blinder Mann sitzt auf seinem Karton auf dem Boden, neben ihm eine Metalldose für Kleingeld, um das er offensichtlich bittet. Das bringt auch das Schild neben ihm zum Ausdruck auf dem zu lesen steht: „I am blind, please help." Tja, traurig, aber in Zeiten, in denen wir ständig von einer Flut schlechter Nachrichten überwältigt werden, sehen viele über diesen einen Mann mit seinem Gebrechen hinweg und gehen weiter. Ohne Münzeinwurf. Dann kommt eine Frau. Schwarzes Kleid, grüne Lackschuhe, schwarze Sonnenbrille. Sie wirkt jung, sie wirkt elegant. Vielleicht hat sie einen Job im Marketing. Auf jeden Fall macht sie etwas, das sowohl der Blinde als auch der Zuseher auf den ersten Blick befremdlich finden: Sie nimmt sein Kartonschild und schreibt es um. Nachdem sie es ihm wieder hingestellt hat, eilt sie ihres Weges. Ab diesem Zeitpunkt vermehrt sich der Münzeinwurf bei dem blinden Mann. Menschen spenden, und sie tun es großzügig, seine Dose füllt sich. Abends kommt die Frau wieder an ihm vorbei, bleibt stehen. Er betastet ihre Schuhe und merkt, dass sie es ist, der er den Geldsegen zu verdanken hat. Er fragt sie: „Was haben Sie mit meinem Schild gemacht?" Sie antwortet: „Ich habe das Gleiche geschrieben, aber mit anderen Worten." Und geht weiter. Er bedankt sich. Die Kamera schwenkt langsam auf die neuen Wörter des Schildes und zeigt: „Es ist ein wunderschöner Tag heute. Leider kann ich ihn nicht sehen." Ein Satz, der bewegt. Er bewegte weit mehr Passanten zu spenden als der vorige mit „Ich bin blind …" Am Schluss dann noch der Abspann: „Change your words – change your world." Übersetzt: Verändere deine Worte und sie verändern deine Welt. Danach die Auflösung, von welchem Unternehmen dieser Spot stammt[42]. Ein schöner Spot, der die Wirkung unserer Wörter treffend zeigt.

Und nun zu besagtem Filmauszug: Eine Stadt ist für ihre großen Silvesterpartys weltberühmt – New York City. Dort gibt es einen lustigen Brauch namens „Ball-Drop". Ein beleuchteter, künstlicher Ball wird zuerst nach oben gehievt, um dann kurz vor Mitternacht innerhalb von 60 Sekunden hinunterzu„fallen“ und so den Jahreswechsel zu symbolisieren. In diesem Hollywoodstreifen mit sehr vielen prominenten Stars wird diese Zeremonie bildhaft dargestellt, er heißt „Happy New Year“. Die Verantwortliche dieses Prozederes an diesem Abend, sehr elegant gespielt von Hilary Swank, hat nur ein Problem: Der Ball bleibt auf dem Weg nach oben auf einmal stecken und einige Lichter fallen aus. Das kommt einer Katastrophe gleich, nachdem sich mehrere Hunderttausend Menschen am Times Square versammelt haben, um das Spektakel zu genießen und den Jahreswechsel zu feiern. Was macht sie in dieser Situation? Natürlich ist sie aufgeregt und findet Gott sei Dank einen bewährten Techniker, der sich des Problems sogleich annimmt. Nach außen hin gibt sie sich aber ruhig und hält eine kurze Rede zu den Menschen, die draußen in der Kälte warten. Diese Rede fand ich inspirierend. Nicht nur aus rhetorischen Gesichtspunkten – sie war kurz, sie war emotional, sie war ehrlich und sie machte Hoffnung –, sondern weil sie es verstanden hat, mit wenigen Worten die Menschen zu berühren, die sich dafür bei ihr mit tosendem Applaus bedankten. Und in ihrem letzten Satz erinnert sie uns alle daran, worauf es im täglichen Miteinander ankommt. Genau das sollten Führungskräfte können und auch tun: die Macht ihrer Wörter und Sätze kennen und so einsetzen, dass sie Menschen nicht demotivieren, sondern zur Bestleistung inspirieren.

„Hallo, ich bin Claire Morgan von der Times Square Alliance und wie Sie alle sehen können, ist der Ball auf halber Strecke stecken geblieben. Er ist dort zum Stillstand gekommen, um uns, bevor wir mit Champagner fröhlich das neue Jahr begrüßen, daran zu erinnern, uns kurz einmal Gedanken über das Vergangene zu machen. Über unsere Triumphe ebenso wie über unsere Fehltritte, über unsere Versprechen, die gehaltenen und die gebrochenen, über die Momente, in denen wir offen für große Abenteuer waren,

oder über die, in denen wir uns aus Angst vor Verletzungen verschlossen haben. Denn darum geht es an Silvester doch: eine weitere Chance zu bekommen. Die Chance, zu verzeihen, Dinge zu verbessern, mehr zu tun, mehr zu geben, mehr zu lieben und aufzuhören mit dem ewigen Was-wäre-Wenn und anzufangen zu akzeptieren, was ist. Also wenn dieser Ball fällt um Mitternacht, und er wird fallen, dann lasst uns nicht vergessen, freundlich zueinander zu sein, liebevoll, und das nicht nur heute Abend, sondern das ganze Jahr!"

Die dritte Führungsaufgabe

Der Brief aus der IT

„Liebe Kollegen, da ich zeit meines Lebens Gerüchte und Halbwahrheiten verabscheut habe, möchte ich nach meinem Gespräch mit Henry kundtun, dass ich aus jetziger Sicht bis Ende November ausfalle. In Klammer: Auch wenn mein Arzt das Nennen von Ablaufzeiten klar ablehnt, brauche ich doch einen zeitlichen Rahmen, und der ist für mich eben jetzt Ende November. Ich gebe zu, ich habe das Thema Burnout bisher nicht ernst genommen und eher als Modeerscheinung abgetan, als nicht Betroffener informiert man sich wohl auch nicht. Nach einer nur wenige Tage dauernden fiebrigen Erkältung wurden aber auch Herzrhythmusstörungen diagnostiziert, die meinen Arzt auf den richtigen Weg brachten. Und bei einer folgenden psychotherapeutischen Sitzung kam es zu einem Nervenzusammenbruch, der mich eigentlich sofort in den Krankenstand gebracht hätte. Da das kurz vor einem Wochenend-Umstellungs-Termin war, für den ein kurzfristiger Ersatz nicht zu finden gewesen wäre, war ich so dumm, den Termin trotzdem wahrzunehmen. Den Samstag habe ich noch gepackt, am Sonntag musste ich abbrechen. Die Details tun nichts zur Sache. Die Behandlung der psychischen Erkrankung erfolgt nun durch Medikamente, Ruhe und Psychotherapie, während der Verlauf der Herzrhythmusstörungen nur beobachtet werden kann. Ich kann jedem, jeder nur raten, sich über die Krankheit zu informieren und bereits bei ersten Anzeichen sofort therapeutische Hilfe in Anspruch zu nehmen. Denn ein Zusammenbruch ist nicht nur beruflich, sondern auch privat keine angenehme Sache. Und die Recovery dauert länger, als wenn man zeitgerecht einschreitet. Wie ich nun aus eigener Erfahrung weiß, passiert das vor allem Leuten, die selbst glauben, dass ihnen das nie passieren könnte und dass sie stärker sind als andere. Henry [Name geändert, Anm.] hat mir einen Ansprechpartner in einem befreundeten Unternehmen genannt, dem Ähnliches widerfuhr. Erstaunliche Parallelen. Ihr wisst nun, was Sache ist."

Der Inhalt dieses Briefs, der in E-Mail-Form kam, ist echt und stammt von einem Mitarbeiter aus einer IT-Abteilung von einem meiner Kunden. Er hat mich erschüttert.

Die dritte Führungsaufgabe lautet: *auf die eigene Energie achten.*

Wer hat etwas davon, wenn Sie wegbrechen? Keiner! Im Gegenteil. Vor einiger Zeit musste ich selbst eine unangenehme Erfahrung machen und sie ist mir noch sehr bewusst, auch wenn sie schon Jahre her ist. Ich fuhr eines Abends nach einem Training heim und plötzlich neigte sich die Straße unter. Mir wurde heiß und dann fühlte ich mich schwindelig. Ich dachte, das wird schon wieder und kam irgendwie nach Hause. Tags darauf setzte ich mich nach dem Seminar hin, um den Tag Revue passieren zu lassen, und auf einmal wurde um mich herum alles schwarz, wieder der Schwindel, sehr ähnlich dem am Vortag. Das war unangenehm und erschreckend zugleich und veranlasste mich, zum Arzt zu gehen. Dieser machte verschiedene Übungen mit mir, um das Gleichgewicht zu testen und zum Glück funktionierte alles gut. Die Diagnose des Arztes: Das plötzliche Hitzegefühl, die sich drehende Straße, der Schwindel – all das waren klare Stresssymptome. Das war mir bis zu diesem Zeitpunkt völlig neu an mir selbst. Ich gebe ja schließlich Seminare zum Thema Selbst-, Stress- und Zeitmanagement, sage also anderen, wie sie genau dies vermeiden können. Weltbestseller-Autor Kenneth Blanchard schreibt in seinem sehr persönlichen Buch „Erfolg & Erfüllung" (leider schon vergriffen): „Manchmal lehren wir genau das, was wir selbst am dringendsten lernen müssen." So war und ist es oft noch bei mir. Also schaute ich mir meinen Kalender an und entdeckte, dass ich vier Wochen ohne Pause jeden Tag ein Seminar gehalten hatte (außer Sonntag). Gut, das kennt man ja, es gibt diese Spitzenzeiten, in denen man kräftig anpacken muss. Im Sommer ist es dann wieder leichter, dachte ich mir. In Wahrheit aber machte mein Organismus diesen Stress nicht mit. Es waren zu wenige Ruhezeiten, zu wenige Pausen enthalten. Schnell war klar, dass es einer deutlichen Kurskorrektur bedurfte. Gut, nicht alle von uns können raus und weg, auch wenn das manchmal ganz gut wäre. Trotzdem geht auch das, wenn es gut geplant und vorbereitet wird. Die Familie Olaf und Beate Hofmann zum Beispiel nahm sich ein Jahr Auszeit und verbrachte ein Familien-Sabbatjahr in Kanada. Eine großartige Entscheidung. Und mutig. Über dieses Abenteuer ist in ihrem Buch nachzulesen.

Was wir allerdings schon im Kleinen tun können, ist nicht zu unterschätzen: kleine Pausen, kleine Belohnungen, Abwechslung, Tempo rausnehmen, genießen, was ist. Gerade diejenigen von uns, die gerne und oft „Gas geben", brauchen das am dringendsten, weil sie glauben, mehr Leistungsreserven zu besitzen, als sie tatsächlich haben. Manchmal ist es schlichte Selbstüberschätzung, manchmal unbewusste Ausbeutung des Körpers, manchmal ist der externe Druck so groß, die Anforderungen des Jobs, des Chefs, der Kunden. Ob echt oder nur eingebildet spielt dabei keine Rolle.

Bitte Geduld, aber schnell!

Meine PR-Managerin und ich bedachten uns einmal gegenseitig mit Spitznamen – sie ist der Lambo(rghini), ich der Ferr(ari). Das kam daher, weil wir oft E-Mails extrem schnell beantworteten oder Artikel schnell gecheckt und verfasst haben. Einerseits lustig und es geht viel weiter, andererseits sind es genau diese Leute, die so handeln, jene, die aufpassen müssen, sich nicht zu überfordern. Wenn der Motor zu lange hochdreht, wird er heiß. Wir alle brauchen Abkühlungsphasen. Auszeiten. Kurze und lange. Das kann im Alltag bei einem guten Essen ganz in „Slow Food"-Manier geschehen oder bei einem Städte-Trip, der Abwechslung und Entschleunigung bietet, vorausgesetzt man stopft ihn nicht gleich mit Terminen voll. Wie geht das? Ich liebe es, mit meiner Familie oder den Kindern zu verreisen. Ich denke gerne an die verschiedenen Vater-Tochter-Kurzurlaube zurück, ob nach Berlin, Düsseldorf oder London. Es waren immer besondere Zeiten. Wir erkundeten Berlin mit dem Leihfahrrad, London auf Rollerskates und Düsseldorf zu Fuß durch die Shoppingmeile schlendernd. Diese Erinnerungen bleiben. Und sie geben wieder Kraft für die Anforderungen des Alltags. Vor Kurzem buchte ich zwei Flüge, einen für mich, einen für meinen ältesten Sohn, der im Moment acht Jahre alt ist. Ich nehme ihn mit nach Zürich zu einem Vortrag, die Zeit im Flugzeug werden wir genießen und es ist reichlich Möglichkeit zum Plaudern und Entdecken. Mein Sohn hält mich davon ab, ständig nur E-Mails zu beantworten oder am nächsten Konzept oder Vortrag zu tüfteln, so gern ich das auch tue. Und das ist gut so. Solche Auszeiten bewusst einzubauen, zu planen, zu organisieren, kann jeder von uns. Erinnern Sie sich an den Satz: „Wer will, findet Wege, wer nicht, hat Gründe!“? Er ist so gut, dass er immer wieder wiederholt werden muss.

Aber was, wenn Sie richtig viel zu tun haben, vielleicht sogar viel Verantwortung tragen und nicht einfach so verreisen können oder wollen? Eventuell kommt der Druck auch „von oben“, also vom Vorgesetzten. Was haben/hatten der amerikanische Präsident, Angela Merkel und Steve Jobs gemeinsam? Sie haben viel Arbeit, könnten Burnout-gefährdet sein, machen ihren Job schon lange und selbiger ist mit hohem Arbeitspensum verbunden. Bei Obama geht es um fünf Uhr los, um Mitternacht ist er im Bett, so las man zu seinem Amtsantritt in den Medien. Ich würde das nicht lange aushalten. Ich bin froh, wenn ich am Abend einmal gemütlich vor dem Fernseher liegen kann und nicht zu früh aufstehen muss, ich gebe es zu. Was ich aber interessant finde: Diese Persönlichkeiten arbeiten seit Jahren und sind nicht ausgebrannt. Ich bewerte nicht ihre Arbeit, aber sie bewegen etwas. Damit möchte ich sagen: Es geht nicht um die Menge an Arbeit. Die To-do-Listen dieser Menschen möchte ich gar nicht sehen. Es ist nicht die Menge, es ist der Inhalt. Vom verstorbenen Steve Jobs, dem Apple-Mastermind, kennen wir den Satz: „Ich weigere mich, erfolgreich zu sein in Dingen, die nicht zählen.“ Das kann jede Führungskraft für sich selbst sofort überprüfen: Wie geht es mir mit dem Inhalt meiner Arbeit? Mache ich das Richtige? Mache ich den Job gerne oder tue ich alles nur für Geld, Macht und Anerkennung, die stillen und legalen Drogen der Führungskräfte? Die Verlockung ist groß. Ein nationaler Verkaufsleiter eines führenden Produktionsunternehmens vermisst die Zeiten, in denen er selbst „Hand anlegen“ konnte, und zwar an den richtig kniffligen Fällen, zu denen er früher als Servicetechniker und Spezialist geschickt wurde. Das waren Geschäftsfälle in den USA, in Israel und vielen anderen Ländern. Seine Tätigkeit bereitete ihm viel Freude. Heute ist er „Bürotäter" und auch noch unterwegs, aber er hat jetzt hauptsächlich mit Zahlen zu tun. Gerne wäre er wieder an der Lösungsfront im Kampf gegen die Probleme der von ihnen produzierten Maschinen. Wenn die Bezahlung nicht so gut wäre ...

Auch wenn viele das Wort Burnout nicht mehr hören können, zahlreiche Personalchefs, mit denen ich gesprochen habe, bestätigen die traurige Tatsache: Man kann es nicht mehr wegleugnen, es gibt mehr Krankenstände aus psychischen Gründen als jemals zuvor, obwohl die Krankenstandstage insgesamt in den letzten Jahren abgenommen haben. Seminare zum Thema Stressmanagement boomen. Lothar Seiwert, der deutsche Zeitmanagement-Papst, schreibt in seinem Buch „Ausgetickt – Lieber selbstbestimmt als fremdgesteuert": „To-do-Listen und Blackberrys haben uns nicht weitergebracht. Sie haben nichts dazu beigetragen, dass Menschen nicht krank werden." Das ist eine interessante Erkenntnis, gerade von jemandem, der gerade diese Hilfsmittel jahrelang propagiert hat. (To-do-Listen führen, Prioritäten setzen, Aufgaben-Blöcke bilden, Pufferzeiten einplanen usw.) Es hat uns schlicht nicht geholfen. Heute sagt er: „Neue Wege müssen her." Okay. Ich bin bereit. Sie auch?

Stress, lass nach!

Die WHO definiert Stress mittlerweile als weltweite Epidemie. Jeder zweite Österreicher ist davon betroffen. In Deutschland und der Schweiz ist es ähnlich. Die klassischen

Mittel zur Regulierung greifen nicht mehr. Die Maxime des „Noch besser, schneller, effizienter, höher und weiter, erreichbar bei Tag und Nacht und am Wochenende sowieso" darf hinterfragt werden. Wir müssen sie sogar hinterfragen. Wenn wir das tun, landen wir bei der Frage: Leben wir, um zu arbeiten, oder arbeiten wir, um zu leben?

Die Technik schreitet fort und es scheint, als würde sie unser Arbeiten erleichtern. Einchecken per mobile App am Handy, Mietwagen reservieren ebendort und schnell noch ein paar E-Mails gecheckt und beantwortet. All das mache ich selbst auch gerne. Aber es liegt eine gewisse Gefahr in dieser Entwicklung, die moderne Psychologie hat dafür sogar schon einen Namen gefunden: Es ist die „Entgrenzung der Arbeit". Das Tablet und/oder das Smartphone ist zu jeder Zeit mit dabei: im Urlaub, beim Essen, in der Bar am Abend etc. Neulich beobachtete ich eine Gruppe von Verkaufsleitern aus der Medienbranche beim Mittagessen: Fast jeder tippselte auf seinem iPad oder iPhone. Sie spielten mit ihren Apps, beantworteten E-Mails oder gaben Drucksachen frei. Natürlich müssen wir die Zeit, die wir haben, gut nutzen, aber wie schmeckt unser Essen – währenddessen? Kriegen wir das noch mit? Ähnlich ging es mir vor Kurzem auf Mallorca, wir hatten mit unserer Mastermind-Gruppe ein schönes Hotel gebucht und sind kurzerhand dem Winter entflohen, um in einer produktiven Umgebung zu arbeiten, ich habe weiter vorne schon einmal davon erzählt. Das gelang relativ gut. Aber auch wir saßen eines Abends am Sechsertisch mit anderen jungen Leuten und zeitweise glotzte jeder von uns in sein Handy. Irgendwann habe ich es dann fotografiert, weil ich es lustig fand. Keine Sorge, wir redeten auch noch miteinander. Und das Essen war lecker. Zum leidigen Thema E-Mails: Anitra Eggler hat dazu ein provokantes, aber aufrüttelndes Buch geschrieben: „E-Mail macht dumm, krank und arm", was für ein Titel. Der Untertitel hat es ebenfalls in sich: „Digital Therapie für mehr Lebenszeit". Es könnte sein, dass der eine oder andere von uns das Buch dringend braucht. Nachdem ich im mallorquinischen Hotel gegen eine Glastür gerannt bin, weil ich während des Gehens auf meinem Handy getippt habe, bin ich einer der Kandidaten dafür. Meine Kollegen sind dafür fast zerfallen vor Lachen. Immerhin konnte ich sie damit unterhalten. Kopf und Glastür blieben ganz, ich hatte wieder eine Lektion zum Nachdenken. Inzwischen gelingt es mir, beim Familienurlaub sowohl Laptop als auch Handy zu Hause zu lassen. Wir haben das Handy meiner Frau mit, das genügt für den Fall der Fälle. Dort kann ich weder E-Mails checken noch sonst etwas Berufliches machen, und das ist gut so. Die Tage in dieser Urlaubswoche gehören mir und uns allein. Das haben ich und meine Familie verdient, so wie Sie auch! Meistens dreht sich die Welt ja weiter, wenn wir nicht sofort antworten, stimmt's? Manchmal kostet dieser stille „Luxus" auch etwas. Nach meiner Rückkehr fand ich auf der Mobilbox einige Nachrichten, unter anderem von Kunden. Diese wollten wissen, ob ich für Workshop-Termine zur Verfügung stünde. Als ich nach dem Urlaub dort anrief, bekam ich die Antwort, dass sie schon jemand anderen gebucht hätten, weil es schnell gehen musste. Tja, wieder ein „Geschäft" weniger. Aber die Ruhe im Urlaub war es wert.

Zwei Forscher namens Matthews und Gump von der Universität Pittsburgh haben festgestellt, dass das Sterberisiko um 25 Prozent höher ist, wenn wir an chronischem Stress leiden. Das ist aufrüttelnd, da das bei vielen von uns tatsächlich der Fall ist. Warum macht uns der Stress eigentlich krank? Wir werden krank, weil wir unsere Arbeit nicht mögen, sie aber trotzdem tun und nichts daran ändern. Wir spüren es nicht sofort, weil unser Körper und unser Bio-System dies sehr lange mitmachen. Wir können unserem Körper viel antun, aber irgendwann kommt der Zeitpunkt, da reagiert er und nimmt sich die Auszeit, die er benötigt. Wir werden krank und sind zwei, drei Tage daheim. Das geht ja noch. Im schlimmeren Fall haben wir ein Magengeschwür, Herz-Kreislauf-Probleme, Depressionen und damit sechs Wochen in der Reha-Klinik vor uns. Warum nehmen wir uns diese sechs Wochen nicht schon vorher Zeit? Aufgeteilt auf das Jahr, nicht in einem Stück, aber immer wieder. Oft glauben wir, unersetzbar zu sein. Ich erinnere mich an Aussagen von Geschäftsführern, die glauben, nicht weg zu können. Warum nicht? Steht dann die Welt still? Und was ist, wenn sie doch weg müssen, zum Beispiel aus privaten Gründen? Verantwortung und Umsicht heißt auch, sich für solche Fälle einen Plan B zu überlegen und ein sinnvolles Vertretungssystem aufzubauen. Das entlastet die Leistungsträger und gibt anderen, aufstrebenden Kräften mehr Verantwortung, was wiederum der Motivation guttut. Ein kleineres Familienunternehmen mit ca. 40 Mitarbeitern hat vor Kurzem beschlossen, dass das Leitungsteam nicht mehr in einem Fahrzeug anreist. Das klingt jetzt komisch, aber wenn diesem Fahrzeug etwas zustößt und alle drei Führungskräfte sitzen darin, dann hat das Unternehmen ein echtes Problem. Es war eine sinnvolle Vereinbarung, zumindest mit zwei Pkws anzureisen, um ein paar Minuten zeitversetzt.

Die Anzahl der Krankenstandstage generell geht im Laufe der Jahre Gott sei Dank nach unten. Wir werden gesünder, die Medizin verbessert sich, wir sind seltener krank. Damit das auch so bleibt, gebe ich Ihnen eine kleine Checkliste, mit der Sie feststellen können, ob Sie Burnout-gefährdet sind. Diese Liste ist natürlich weder vollständig noch völlig ernst zu nehmen, aber einige der Punkte sind doch gar nicht so weit weg von der Realität:

- Sie geben den Firmennamen an, wenn Sie am Abend daheim das Telefon abnehmen.
- Für Sie bedeutet organisiert sein, wenn Sie verschiedenfarbige Post-its besitzen.
- Sie gehen zur Arbeit, wenn es dunkel ist, und kommen von der Arbeit, wenn es dunkel ist. Auch im Sommer.
- Sie haben ein Programm, das Ihnen die Anzahl der Tage bis zur Pensionierung berechnet.
- Ferien machen Sie seit Jahren durch den Zeitausgleich.
- Sie erkennen Ihre Kinder dank der Fotos auf dem Schreibtisch.

Ob Stress glücklich oder krank macht, hängt auch vom Grad der Fremdbestimmung ab. Dieser setzt sich aus vielen Faktoren zusammen: die Familie, die einen beansprucht, Kinder, die einen Papa oder eine Mama brauchen, die Abteilungsleiterin oder der Geschäftsführer, der Druck auf Sie ausübt. Je stärker die Fremdbestimmung, desto eher fühlen wir uns unangenehm gestresst. Wir suchen den Ausgleich in unserer Freizeit. Kann das die Lösung sein?

Der Begriff Work-Life-Balance ist eine eigenartige Wortschöpfung. Sie sagt aus, dass es Arbeit gibt und den Rest unseres Lebens. Muss es da wirklich eine Trennung geben? Ist die Arbeit so schwierig und so stressig, dass wir ein anderes Leben daneben führen müssen? Könnte sie uns nicht vielmehr Inspiration geben sogar fürs Privatleben und für die Freizeit? Könnte sie uns nicht Energie geben? Komische Fragen, ich weiß. Ich bin zu Hause entspannter, wenn ich beruflich erfolgreich war. Wenn ich einen guten Vortrag gehalten habe oder weiß, am nächsten Tag kann ich wieder mit einem Kamerateam Mitarbeiter eines interessanten Unternehmens interviewen oder an meinem Buch schreiben oder, oder … Ich war privat meistens dann unglücklich oder gereizt, wenn ich im Job unter- oder überfordert war. Es besteht ein enger Zusammenhang mit unserer inneren Haltung gegenüber unserem Beruf und dem seelischen Wohlbefinden zum Rest der Zeit. Eine Wechselwirkung, die offensichtlich ist. Wir alle wissen schon vieles zu den Themen Zeit- und Stressmanagement. Aber wie sieht das eigene Leben trotz allem aus?

Eine Handvoll Gelassenheit ist besser als beide Hände voll Mühe und Jagd nach Wind

In meinem Beruf als Wirtschaftscoach und Unternehmensberater bin ich mit vielen Schicksalen konfrontiert. Diese zeigen mir, dass wir zwar schon vieles zu verschiedensten Themen wissen, sei es zu Stressmanagement, Balance, Lebensgestaltung oder notwendigen Auszeiten, es aber noch lange nicht aktiv leben.

Lassen Sie mich exemplarisch drei Beispiele aus den letzten Jahren für die soeben aufgestellte Behauptung anführen:

1. Beispiel: Bei einer Strategieberatung für ein kleines, familiengeführtes Unternehmen bricht der Junior, der die Firma zusammen mit seinem Bruder übernehmen soll, in Tränen aus. Er ist komplett fertig, sagt er. Er kann nicht mehr, es reicht ihm. Ich wundere mich heute noch, dass wir die Kurve gekratzt haben und arbeitsfähig geworden sind, an diesem Tag. Es ist ihm alles zu viel geworden, seine Freundin hatte ihn gerade verlassen, der Stress in der Firma, der Druck vom Vater.

2. Beispiel: Wieder eine Strategieberatung, wieder ein familiengeführtes Unternehmen: Ich treffe mich mit dem Eigentümer, dem Verkaufsleiter und dem Betriebsleiter. Es war ein wunderschöner Herbsttag am ersten Vormittag.

Wir haben fleißig gearbeitet, und nun war meine Frage an diese Gruppe: Wie gestalten wir unsere Mittagspause? Ich habe drei Varianten vorgeschlagen: 1. 20 Minuten Mittagsschlaf, 2. ein Spaziergang im Freien oder 3. gleich weiterarbeiten. Wofür haben sie sich entschieden, was glauben Sie? Genau, die drei Teilnehmer haben sich für 3. entschieden. Natürlich hatte ich kein Problem damit, aber innerlich musste ich schmunzeln. Ich hätte mich, wenn ich die Wahl gehabt hätte, wahrscheinlich 20 Minuten hingelegt. Es war schon interessant, dass bei drei Varianten, von denen mir zwei attraktiver schienen als die dritte, trotzdem die dritte gewählt wurde. Es ist ja nicht schlecht, wir sollen fleißig sein, aber es ist erwiesen, dass die Produktivität am Nachmittag steigt, wenn man sich mittags eine kleine Verdauungspause gönnt.

Lassen Sie uns ein Hamsterrad betrachten: Wir glauben, dass wir mit mehr Zeit, die wir mit unseren Themen verbringen, auch bessere Ergebnisse erzielen. Oder indem wir schneller darin laufen. Das möchte ich infrage stellen. Das Gegenteil ist der Fall: Operative Hektik ist ein Zeichen für geistigen Stillstand. Das Beruhigende und Erfreuliche für mich war und ist zu sehen, wie genau dieses Unternehmen mit seinen Führungskräften sich weiterentwickelt und dazulernt. Die Jahre danach war es möglich, mit dem Motorboot über den Wolfgangsee zu brausen, um auf ein kleines Bier einzukehren. Oder eine Runde zu spazieren, während wichtige Themen besprochen wurden. Systeme sind lernfähig. Wenn die beteiligten Menschen das wollen.

3. Beispiel: Die Führungskraft eines IT-Teams sitzt mit mir beim Mittagessen, um Vorbereitungen für den Teamworkshop zu treffen. Es soll um Stressmanagement gehen. Die Teilnehmer sind Techniker. Es gibt gerade einen schweren Burnout-Fall im Team, ein Kollege ist komplett zusammengeklappt und kommt bis zum Ende des Jahres nicht

mehr zur Arbeit. Dieser Kollege hat einen Brief geschrieben, ja genau, es ist der vom Anfang dieses Kapitels.

Diese Liste könnte ich noch lange weiterführen. Was ist die Lösung? Eine sinnvolle Frage, die sich jeder für sich stellen kann, sollte auch immer wieder gestellt werden: Wie kann ich mehr von dem leben, was ich schon weiß? Und wie kann ich den Grad meiner Selbstbestimmung erhöhen? Das kann bedeuten, spätestens morgen zu seiner Führungskraft zu gehen und zu sagen: In diesem und jenem Bereich hätte ich gerne mehr Freiraum. Es kann ebenso bedeuten, dass wir lernen müssen, Nein zu sagen. Nicht dauernd, aber immer wieder einmal zwischendurch, einfach um es zu üben. Und es kann bedeuten, dass wir einmal langsamer arbeiten und dafür besser und mehr planen, dadurch schneller werden in der Umsetzung.

Ein Geschäftsführer eines großen Möbelhauses erzählte mir im Interview, dass er die Woche am liebsten am Sonntagabend plant. Dann weiß er, was ab Montag ungefähr auf ihn zukommt. Eine gute Entscheidung. Es kann bedeuten, dass wir uns zuerst innerhalb des Unternehmens nach einer anderen Tätigkeit umsehen, wenn wir merken, die jetzige erfüllt uns nicht mehr, fordert uns nicht mehr. Es kann heißen, dass wir unsere Umgebung in dem Maße verändern, in dem wir es können. Es kann heißen, dass wir in der Fremdbestimmung, in der wir leben müssen, das Schöne suchen und überlegen, wofür wir darin dankbar werden können. Es kann heißen, den eigenen Mitarbeitern mehr Freiraum zu geben, mehr Verantwortung, mehr Feedback. Wann haben Sie das letzte Mitarbeitergespräch geführt oder einfach zwischendurch einmal unter vier Augen nachgefragt, wie es den einzelnen Teammitgliedern geht? Sich Freiräume zurückzuerobern, ist für jeden etwas anderes, etwas Eigenes. Nur Sie wissen, was für Sie aktuell dran ist.

Sie haben Verantwortung, für sich und für andere. Diese Verantwortung ist groß und bedeutungsvoll. Sie können damit gestalterisch tätig werden. Auch das kann ein Aspekt des Leistungsglücks sein.

Noch eine Grundsatzfrage: Ist es überhaupt sinnvoll, hart zu arbeiten und Geld zu verdienen? Im Kapitel über die erste Führungsaufgabe lasen Sie bereits von einem König und seiner besonderen Weisheit, auch vorher beim Thema „Die Macht der Sprache" habe ich ihn kurz erwähnt: Es war der junge Salomo, der circa vor 3000 Jahren in Jerusalem das Volk Israel regierte. Was war seine Geschichte? Auch er war „Führungskraft". Er war sogar König. Gott hatte Gefallen an diesem jungen Mann und gewährte ihm einen Wunsch. Salomo bat um die Weisheit, sein Volk als junger König gut zu regieren. Gott gefiel diese Bitte so gut, dass er ihm nicht nur Weisheit schenkte, mehr als jedem anderen Menschen zuvor und danach, sondern auch noch ein langes Leben und Reichtum dazu. Das Ganze ist im Alten Testament im Kapitel der „Sprüche" und im Kapitel des „Predigers" nachzulesen. Warum ich Ihnen davon erzähle? Weil Salomo seine Weisheit aufschrieb bzw. aufschreiben ließ, und einige seiner Gedanken und Empfehlungen finde ich für das Thema Selbstmanagement, Arbeit, Tempo und Leben auch heute noch sehr interessant.

„Überlege, was du tun willst, und dann tu es entschlossen." Menschen, die erfolgreich sind, die etwas vorwärts bringen, wissen, was sie wollen, und tun dies dann, sie handeln entschlossen.

„Fleiß führt zu Macht, Faulheit macht zum Sklaven." Sklaverei ist heute natürlich abgeschafft, wir fühlen uns aber oft als Sklaven unserer Arbeit.

„Jede Arbeit bringt Lohn, aber Geschwätz bringt nur Nachteil." Wir sollen also ruhig fest anpacken und fleißig

sein. Und dürfen es auch genießen, denn *„Reichtum ist die Krone der Verständigen"*.

Ein amerikanischer Verkaufstrainer sagte einmal: „The best way to help the poor ist not to become one of them." (Der beste Weg, um den Armen zu helfen, ist, nicht einer von ihnen zu werden). Das ist auch eine Möglichkeit, oben genannte Gedanken auszudrücken. Frech, aber es stimmt. Als fleißiger Mensch, der seine Talente intelligent einsetzt, bauen Sie Vermögen auf, mit dem Sie sehr viel Gutes tun können, anderen Menschen helfen, Hilfsorganisationen unterstützen oder selbst eine gründen. Somit hat dieser Satz seine Berechtigung. Ist das ein Widerspruch zum bisher postulierten? *„Eine Handvoll Gelassenheit ist besser als beide Hände voll Mühe und Jagd nach Wind."* Auch das war damals schon ein schöner Satz. Für mich hat er heute genauso noch seine Gültigkeit.

Wie sieht es aus mit Ihrer persönlichen Gelassenheit, gönnen Sie sich Auszeiten? Ist das ein Widerspruch zum harten Arbeiten? Ich glaube nicht. Es ergänzt sich richtig gut. Es macht Sinn, ordentlich Gas zu geben, in dem Bereich, den man für sich als richtig entdeckt hat. Und eine Auszeit dann auch richtig genießen kann. Es ist diese Mischung, die wir hinbekommen müssen und dürfen.

Viktor Frankl, anerkannter Psychotherapeut, hat einige anregende Bücher rund um das Thema Sinn geschrieben. Er hat festgestellt, dass der Sinn für den Menschen das Wichtigste ist. Dieser Sinn muss von jedem gefunden werden, den kann man nicht einfach jemandem geben. Lassen Sie uns diesen Sinn in unserer Tätigkeit und im Leben generell immer wieder neu suchen. Wenn keiner da ist, geben wir ihm einen. Und sagen wir es auch unseren Mitarbeitern, Angestellten und Arbeitern. So wie in einer Szene, die auf einem schönen und bekannten Motivationsplakat dargestellt ist. Drei Handwerker, Maurer, arbeiten fleißig und konzentriert mit Steinen und Werkzeug. Alle drei werden gefragt, was sie tun. Der eine antwortet: „Ich haue Stein.“ Er schaut griesgrämig drein. Der Nächste sagt schon etwas fröhlicher: „Ich baue eine wichtige Stützmauer.“ Der Dritte antwortet mit einem strahlenden Gesicht: „Ich darf dabei mithelfen, einen Dom zu bauen.“

Was bereitet
Ihnen Freude?

Der „Drittklang“: besondere Produkte und Dienstleistungen

In diesem Kapitel geht es darum zu zeigen, was dabei herauskommt, wenn Menschen ihr Talent nutzen, ihr Bestes geben und sich gegenseitig zu Höchstleistungen aufschaukeln. Das Gegenteil kennen viele von uns leider auch gut: sich gegenseitig runterziehen, um eine Minimalleistung oder ein Mittelmaß zu erhalten. Es ist unsere Wahl, wie wir agieren.

Nachdem wir bisher viel von Persönlichkeit, Einstellung, Führung, Talent und Persönlichkeiten sprachen, geht es im Folgenden um den Faktor „Umgebung“ aus der Leistungsglück-Formel unseres Vorworts, Sie erinnern sich? Hier nochmals zum Nachlesen:

Talent × Umgebung × Freiheit × Umsetzung = Leistungsglück

Über den Faktor Talent haben wir schon ausführlich gesprochen. Über die Freiheit, die Führungskräfte ihren Mitarbeiterinnen und Mitarbeitern geben sollen, ihre Talente zu nutzen, auch. Die beiden Faktoren „Umgebung“ und „Umsetzung“ möchte ich gerne noch detaillierter beleuchten. Es geht dabei um unseren Arbeitsinhalt. Sie haben mit der Frage zu tun: Womit beschäftigen wir uns? Und was hat das mit Leistungsglück zu tun? Sehr vieles. Es ist die Grundvoraussetzung, um unsere Talente einsetzen zu können. Für den einen bedeutet es, als Techniker hervorragende Produkte zu bauen. Für den Nächsten heißt es, im Kundenkontakt täglich eine besondere Schokolade, Kaffee oder ein anderes Lebensmittel zu produzieren. Andere lieben ihre Beschäftigung im Web-Marketing und erstellen Dienstleistungen, die begeistern, weil sie den Menschen das Leben erleichtern. Der Nächste liebt es, zu erfinden, zu verbessern, weiterzuentwickeln. Unternehmen, Produkte und Dienstleistungen sind nichts anderes als der Spiegel unserer Kreativität. Sie zeigen, wozu wir fähig sind, wenn wir „das Richtige" tun. Was das ist, spüren wir alle, wenn es so weit ist. Deshalb ist es gut, möglichst viel auszuprobieren.

Ich erinnere mich an einen Diplomingenieur, der ein Unternehmen leitete, das sich mit der Erforschung technischer Bedingungen beschäftigte. Das tat er viele Jahre lang. Heute arbeitet er als selbstständiger Immobilienmakler und es macht ihm viel Freude. Das eine hat mit dem anderen gar nichts zu tun. Na und? Ihm muss es gefallen. Uns muss gefallen, was wir tun, und wenn es das nicht tut, haben wir alle Freiheiten, es zu ändern. Das klingt radikal, aber in der Tat hatten wir noch nie so viele Möglichkeiten, uns zu betätigen und mit unseren Talenten Geld zu verdienen wie heute, mir liegt es am Herzen, diese Tatsache immer wieder zu betonen. Der „Ermöglicher" dieses Wechsels, der Weiterentwicklung und Verbesserung des Status quo ist unsere Kreativität. Von Einstein kennen wir den Satz: „Wir nutzen nur 10 Prozent unserer mentalen Fähigkeiten." Das ist relativ wenig, so finde ich. Was machen Menschen, die mehr wollen?

Kreativität ist die Glücksspirale zum erhöhten Leistungsglück

Sich etwas Neues einfallen zu lassen, etwas zu probieren, was es so noch nicht gibt, ist einer der Aspekte von kreativen Menschen, Teams und Unternehmen. Und eine schöne Möglichkeit für uns alle, die eigene Kreativität in der eigenen Betätigung, in der eigenen Branche zu nutzen. Das kann bereits im ganz Kleinen geschehen, zum Beispiel im Friseursalon. Beim Spaziergang durch den Wiener Westbahnhof fiel mir etwas auf. Salons gibt es ja viele, das ist noch kein Grund, stehen zu bleiben. Aber wenn laute Musik mit fettem Bass aus dem Geschäft dringt, wird es interessant. Ich habe mich informiert und auf einem Flyer gelesen, dass jeden Freitag und Samstag verschiedene DJs auflegen. Während die Kundinnen und Kunden sich also verwöhnen lassen, groovt es im Hintergrund zu den neuesten Beats der Musikbranche. Die einen geben sich den Klängen der Beats hin und sind begeistert, bei den anderen sorgt die Musik für genügend Gesprächsstoff. Es muss ja nicht jeder mögen. Klar selektiert diese Aktion die Kundenschicht (und die Mitarbeiter), aber dem Geschäftsbetrieb scheint das keinen Abbruch zu tun, im Gegenteil: Wieder kommen die richtigen Leute zusammen.

Das Muster dahinter interessiert mich: Jemand überlegt sich, wie er aus einer gewöhnlichen Dienstleistung ein besonderes Erlebnis für den Kunden gestalten kann. Dieses Grundprinzip hat Vorbildwirkung. Und es macht Spaß, sich so etwas auszudenken. Sonst hätten wir nicht so kreativ-lustige Produkte wie die „Spreewälder Gewürzgurke" in einer Dose mit der Aufschrift „Get one!", die an einen Energydrink erinnert. Wer kauft schon eine Gurke in einer Dose? Ich. Ich finde das witzig. Am Flughafen habe ich oft Zeit zum Schmökern und Entdecken, da kam mir diese Gurke unter.

Sie schmeckte sogar gut. Auch wieder eine Möglichkeit, sich neu zu erfinden.

Der eine oder die andere denkt nun vielleicht: „Ich habe ja so etwas nicht“ oder „Ich arbeite in einer anderen Branche“. Finden Sie Wege oder haben Sie Gründe? Überlegen Sie, zu welcher Kategorie Sie gehören möchten. Denn eines ist sicher, und das ist auch die gute Nachricht: Es gibt immer mehr Gehirnbenutzer und nicht nur Gehirnbesitzer! Wir haben dieses große Geschenk der Kreativität erhalten, um es zu nutzen. Wofür? Wir können uns selbst immer wieder neu erfinden, wir können neue Erlebnisse bieten, wir können uns ständig verbessern und für einen Mehrwert sorgen. Wozu? Weil wir alle für unsere Arbeit einen Abnehmer haben, einen internen oder externen Kunden. Und wenn die Arbeit eine besondere ist oder auch das Ergebnis in Form eines Produkts oder einer Dienstleistung, dann erhöht das die „Merk-Würdigkeit“ und somit unsere Erfolgschancen. Es gibt dazu eine interessante Erklärung, warum wir uns einiges an Produkten, Menschen oder Services leichter merken: Alles, was in unserem Gehirn keine Emotion auslöst, ist für unser Gehirn wertlos. Dieser Satz stammt von Hans Georg Häusel, einem Kaufmotiv-Forscher, der das Buch „Brain Script – Warum Kunden kaufen“ geschrieben hat. Ich finde den Satz spannend. Im Umkehrschluss bedeutet er nämlich: Wie lösen wir Emotionen aus? Positive natürlich! Damit wird das Leben gleichzeitig bunter und interessanter. Vor allem, wenn sich das mehrere Menschen und Unternehmen überlegen würden. Dann bleibt uns nur noch die Frage: Wie geht das?

Der erste Schritt ist: Entscheiden Sie sich bewusst, etwas außergewöhnlich zu machen, mit etwas mehr Liebe, etwas mehr Engagement, einfach etwas mehr als Sie müssten. Dann sind wir weg vom Dienst nach Vorschrift und mitten in der Freude und dem Spaß an der Arbeit. Aus Freude entsteht einfacher Spitzenleistung als durch Druck, Zwang und Überforderung. Es geht nicht um mehr, es geht um eine andere Art zu arbeiten. Unsere Gesamtwirtschaft braucht das ganz dringend, die entspannten Spinner, die kreativen Chaoten, die Regelbrecher. Damit etwas Neues entsteht.

Als Zweites gibt es eine ganz einfache Technik, um Kreativität zu fördern: die inneren Fragen, die wir uns stellen. Zum Beispiel: Was fällt mir in einer neuen Umgebung auf, zum Beispiel am Flughafen oder in einem fremden Land? Wofür könnte man das verwenden? Was daran inspiriert mich? Und so weiter ... Die Fragen sind wie ein Schlüssel zu unserem Kreativitätstor, die im Gehirn den Auftrag geben: Finde die Antwort! Das kann manchmal Sekunden, manchmal Stunden oder Tage dauern. Aber es funktioniert. Daraus entsteht dann das sogenannte Triple-A-Prinzip: *A*nders *A*ls *A*ndere. Wie unterscheiden sich Ihre Leistungen von dem, was der Mitbewerber anbietet? Mehr vom Gleichen zu liefern, ist langweilig. Verbessern Sie die Qualität Ihres Produktes oder Ihrer Dienstleistung, sodass es das Prädikat einzigartig verdient, und wenn Sie Lust darauf haben, erfinden Sie etwas ganz Neues! Mit diesem Gedanken sind wir in der Umsetzung und in der Umgebung, in der wir arbeiten. Es ist gut, immer wieder einmal rauszukommen, etwas Neues zu probieren, neue Luft zu schnuppern, das regt an. Für mich ist nichts so inspirierend, wie zu reisen. Dabei gibt es unzählige Möglichkeiten, zu entdecken, zu lernen, aber auch zu entspannen. Manchmal sind es die ruhigen Momente, die für einen neuen Geistesblitz sorgen. Das „ManagerMagazin“ hat vor einiger Zeit[43] eine Liste veröffentlicht mit Antworten auf die Frage, wo Kreativität entsteht, Ideen geboren werden – hier die Liste:

- am Arbeitsplatz: 4%,
- in Pausen: 3%,
- in langweiligen Sitzungen: 10%,

- durch Kreativitätstechniken: 1%,
- auf Geschäftsreisen: 11%,
- in der Natur 28%.

Diese Aufzählung finde ich interessant. Wir sind ständig umgeben von Ideen und Möglichkeiten, die wir nutzen können oder auch nicht. Wir müssen nur Augen, Ohren, unsere Sinne und unser Herz offen halten.

Woher um alles in der Welt …?

Kinder sind unheimlich kreativ, auch wenn sie sich dessen nicht bewusst sind, und ich glaube, von ihnen können wir vieles lernen. Kinder sind fokussiert, da gibt es keinen Satz wie: „Papa, es ist 17.00 Uhr, hören wir auf zu spielen!" oder „Was kommt heute Abend im Fernsehen?" (außer das Spiel ist langweilig). Sie sind ganz dabei, konzentriert und es ist völlig belanglos, wie spät es ist. Sie entdecken etwas auf dem Weg, und schon wird damit gespielt. Kinder müssen auch keine langen Meditationsübungen machen, um in der Gegenwart zu sein. Sie sind mittendrin, und das kostet uns Erwachsene manchmal richtig viel Kraft, weil wir aus unserer schnelllebigen Zeit herausgeholt werden. Manchmal bekomme ich es auf die Reihe, dass ich das als Vorteil sehe, manchmal jedoch schaffe ich es einfach nicht und bin zu ungeduldig. Kinder geben Gas, sie freuen sich, sie sind begeistert und fallen am Abend dann (Gott sei Dank) hundemüde ins Bett. In diesem Verhalten können, dürfen Kinder Vorbilder für uns sein.

Erwachsene hingegen werden richtig kreativ, wenn es darum geht, gut dazustehen, zum Beispiel gegenüber einer Versicherung. „Die Mobiliar" ist ein Schweizer

Versicherungsunternehmen, das verschiedene Aussagen von Versicherungsnehmern gesammelt hat, die belegen, dass menschliche Kreativität manchmal sogar zur Hochform auflaufen kann. Verschiedene Werbespots sind daraus entstanden[44]. Die gesamte Liste ist im Internet zu finden[45]. Ich gebe Ihnen hier nur einen kleinen Vorgeschmack der Statements, die als Beweis für menschlichen Erfindungsgeist und Wortwitz dienen, egal ob denjenigen, die die Aussagen tätigten, ihre Kreativität überhaupt bewusst war:

- Beim Heimkommen fuhr ich versehentlich in eine falsche Grundstücksauffahrt und rammte einen Baum, der bei mir dort nicht steht.
- Wer mir die Geldbörse gestohlen hat, kann ich nicht sagen, weil aus meiner Verwandtschaft niemand in der Nähe war.
- Ihre Argumente sind wirklich schwach. Für solche faulen Ausreden müssen Sie sich einen Dümmeren suchen, aber den werden Sie kaum finden.
- Mein Sohn hat die Frau nicht umgerannt. Er ist einfach vorbeigerannt. Dabei ist die Frau durch den Luftzug umgefallen.
- Als ich auf die Bremse treten wollte, war diese nicht da.
- Ich bin von Beruf Schweißer. Ihr Computer hat an der falschen Stelle gespart und bei meinem Beruf das w weggelassen.
- Ich brauche keine Lebensversicherung. Ich möchte, dass alle richtig traurig sind, wenn ich einmal sterbe.
- Mein Auto fuhr einfach geradeaus, was in einer Kurve allgemein zum Verlassen der Straße führt.
- Alle Rechnungen, die ich erhalte, bezahle ich niemals sofort, da mir dazu einfach das Geld fehlt. Die Rechnungen werden vielmehr in eine große Trommel geschüttet, aus der ich am Anfang jeden Monats drei Rechnungen mit verbundenen Augen herausziehe. Diese Rechnungen be-

zahle ich dann sofort. Ich bitte Sie zu warten, bis das große Los Sie getroffen hat.

- An der Kreuzung hatte ich einen unvorhergesehenen Anfall von Farbenblindheit.
- Schon bevor ich ihn anfuhr, war ich davon überzeugt, dass dieser alte Mann nie die andere Straßenseite erreichen würde.
- Nachdem ich vierzig Jahre gefahren war, schlief ich am Lenkrad ein.
- Ich hatte den ganzen Tag Pflanzen eingekauft. Als ich die Kreuzung erreichte, wuchs plötzlich ein Busch in mein Blickfeld, und ich konnte das andere Fahrzeug nicht mehr sehen.
- Als ich eine Fliege erschlagen wollte, erwischte ich den Telefonmast.
- Während ich die Straße normal befuhr, überkam mich das Verlangen, mich zu erleichtern, weswegen ich das Fahrzeug am Rand anhielt und mich in ein nahes Gebüsch begab. Nachdem ich die Hosen heruntergelassen hatte, kam der Gegner und gab's mir von hinten mit dem Kipper.
- Die Unfallzeugen sind beigeheftet.
- Das Pferd lief über die Fahrbahn, ohne sich vorschriftsmäßig zu vergewissern, ob die Straße frei ist!
- Das Glas ist kaputt, ich schicke Ihnen hier einen Splitter von der Scheibe mit, woran Sie sehen können, dass sie hin ist, denn sonst wäre sie noch ganz unbeschädigt.
- Ich bin schwer krank gewesen und zweimal fast gestorben. Da können Sie mir doch wenigstens das halbe Sterbegeld auszahlen.
- Ich war an dem Unfall nicht schuld! Schuld war die junge Frau im Minirock. Wenn Sie ein Mann sind, ist jede weitere Erklärung überflüssig, wenn Sie aber eine Frau sind, verstehen Sie es sowieso nicht!

Es scheint wohl keine Branche zu geben, in der Leistungsglück nicht erfahrbar ist. Stellen Sie sich bitte kurz den Sachbearbeiter dieser Versicherung vor, der diese Aussagen liest, allein dafür lohnt es sich ja schon, in die Versicherungsbranche zu gehen, oder?

Apropos Humor, Lachen ist eine sehr gute Basis für Kreativität und natürlich Leistungsglück. Wir sollten es viel öfter tun. Deshalb erlaube ich mir, Sie mit weiteren Beispielen zu amüsieren, die vielleicht weniger kreativ, jedenfalls aber sehr witzig sind:

- Seit der Trennung von meinem Mann wurde jeder notwendige Verkehr durch meinen Rechtsanwalt erledigt.
- Ich entfernte mich vom Straßenrand, warf einen Blick auf meine Schwiegermutter und fuhr die Böschung hinunter.
- Ein Fußgänger kam plötzlich vom Bürgersteig und verschwand dann wortlos unter meinem Wagen.
- Ich überfuhr einen Mann. Er gab seine Schuld zu, da ihm dies schon einmal passiert war.
- Nach Ansicht des Sachverständigen dürfte der Verlust zwischen 250.000 und einer Viertelmillion liegen.

In jedem von uns steckt genügend Kreativität und es geht nicht immer darum ernst zu sein. Vreme Codrington bringt es mit dieser Aussage gut auf den Punkt: „Nicht Ernsthaftigkeit, sondern Exzellenz ist das Ziel!“ Und dazu braucht es manchmal Leichtigkeit und Spaß. Exzellenz bedeutet Qualität, Innovation, das Streben nach Entwicklung. Dafür gibt es mannigfaltige Möglichkeiten. Etwas aus einem anderen Blickwinkel zu sehen, hinaus in die Natur zu gehen, von unseren Kindern zu lernen, beim Reisen offen zu sein sind nur ein paar Möglichkeiten. Es gibt so viele Quellen für Innovation, die wir tagtäglich um uns herum nutzen können. Kunden haben manchmal ebenfalls sehr gute Ideen oder Unternehmen aus anderen Branchen. Oft setzen wir Marktforschung ein oder finden Inspiration in Zeitschriften, Gesprächen, Messen, Workshops. Aber auch vom Wettbewerb kann man einiges lernen sowie natürlich von den eigenen Mitarbeitern. Aus dieser Ecke kommt das klassische Vorschlagswesen im Unternehmen. Die Mitarbeiterinnen und Mitarbeiter werden zum Mitdenken eingeladen, jeder hat die Chance, seine Ideen einzubringen und somit zum Verbesserungsprozess beizutragen. Eine weitere sehr wichtige Rolle spielt außerdem immer noch die Kundenbefragung.

Auszeichnungen motivieren in den Flow

Der „Schindlerhof" liefert ein gutes Vorbild für den kreativen Umgang mit der Beschwerde, dass die Wartezeiten auf die Speisen zu lange dauern würden. Das Gebäude in Nürnberg steht unter Denkmalschutz und darf somit nicht groß umgebaut werden. Die kleine Küche kommt manchmal mit der Menge der Bestellungen nicht mehr so hinterher, wie sie das gerne hätte. Und die Gäste beschwerten sich verständlicherweise. Was also tun? Gemeinsam galt es, eine Lösung zu finden. Tatsächlich gab es einen Vorschlag, der umgesetzt wurde: Es war die Idee eines Mitarbeiters, auf jeden Tisch einen frischen Topf Basilikum, einen Mörser, Salz, Pfeffer und Olivenöl zu platzieren, und schon konnten sich die Gäste in der Wartezeit ihr eigenes Pesto kreieren. In Folge gingen die Beschwerden über zu lange Wartezeiten deutlich zurück. Ein wenig Kreativität kann viel bewegen, und die kostet wenig im Vergleich zu dem, was sie bringt. Nachdem ich gerne lerne und entdecke, schaute ich mich im Schindlerhof weiter um. Was war anders? Im Pausenbereich fährt – angeregt durch das asiatische „Running Sushi"-

Konzept – ein Förderband im Kreis, mit frischem Saft, Obst, leckeren Brötchen für die Seminarteilnehmer. Gekonnt hat sich das Seminarhotel etwas von einer anderen Branche abgeschaut und nach der eigenen Sinnhaftigkeit adaptiert. Ich zitiere passend dazu ein Zitat des Schindlerhof-Chefs Klaus Kobjoll: „Klauen Sie hemmungslos, aber aus möglichst anderen Branchen und von möglichst weit weg!“ Ein sinnvoller Ansatz, denn die Ideen Ihrer Mitbewerber sind schließlich schon alle am Markt vertreten, wenn Sie sich aber an Ideen anderer Branchen bedienen und an Ihre Gegebenheiten anpassen, könnte etwas geniales Neues daraus entstehen. Andere Branchen oder andere Länder, gehen Sie auf die Jagd!

Wenn man im Schindlerhof auf die Herrentoilette muss, findet man dort im Bereich der Pissoirs die aktuelle Tageszeitung auf Augenhöhe platziert und aufgeschlagen, an drei Stellen drei verschiedene Bereiche (Wirtschaft, Sport, Kultur), sodass man nach drei Besuchen topinformiert ist. Das ist nicht der Hauptgrund, warum sie seit fast zehn Jahren den Titel „Bestes Seminarhotel Deutschlands“ gewinnen, aber einer von circa hundert. Im eigenen Bereich spitze zu werden, macht nicht nur Freude, sondern bringt auch Auszeichnungen wie „Great Place to Work – Deutschlands beste Arbeitgeber“, „Ludwig-Erhard-Preis“ (der Wirtschafts-Oscar), „Deutschlands kundenorientiertester Dienstleister“ u.v.m.[46] mit sich. Diese Preise treiben weiter zur Spitzenleistung an. So antwortete mir die Kellnerin beim Frühstück auf meine Frage, warum sie sich so ins Zeug legen: „Wir lieben es, Preise zu gewinnen.“ Gratulation!

Ein anderes großes Unternehmen aus der Kaffeebranche fragte seine Kunden eine Zeit lang auf der firmeneigenen Website ganz konkret mit einem Button: „Got a great idea?“ Dabei wird die Botschaft vermittelt: „Lieber Besucher unserer Website, hast du eine Idee für uns? Fehlt dir noch ein bestimmtes Produkt? Was können wir noch verbessern?“

Ein sehr schöner Ansatz, Kunden in die eigene Entwicklung miteinzubeziehen. Wir alle brauchen besondere Ideen, Produkte, Dienstleistungen und Qualität. Und wir haben alles dazu, was wir brauchen: unseren Verstand und unser Herz.

Zufall heißt: Es fällt uns zu

Es gibt ihn, den „Mercedes“ unter den Staubsauger-Herstellern: Dyson. Dieser Name steht für teuer, aber gut. Wenn ein Unternehmen mit Preisen ausgezeichnet wird und über viele Jahre am Markt besteht, finde ich das beachtlich. Noch spannender finde ich es, wenn sich ein Unternehmen immer wieder neu erfindet und weiterentwickelt. Bei einem Meeting von Technikern wurde ein Gerät besprochen, das Luft wegblies anstatt ansaugte. Einer der Techniker hatte nasse Hände und hielt sie kurz in den Luftstrom. In kürzester Zeit trockneten seine Hände. Eine neue Produktidee war geboren. Dass man nasse Hände mit warmer Luft trocknet, ist ja nicht wirklich neu. Wenn das Ganze aber viel schneller geht als bisher und noch dazu mit einer Technik, die den Großteil aller Bakterien aus der Luft holt, bevor sie sie auf die Hände bläst, dann wird es schon interessanter. Es gibt nur noch wenige Flughäfen oder öffentliche Orte, die nicht mit den Dyson-Händetrocknern ausgestattet sind. Manchmal treffe ich auf Mitbewerber-Produkte, die ähnlich aussehen, aber meistens nicht so stark sind und auch nicht besonders ausschauen. Ehre, wem Ehre gebührt. Aber das ist nicht der Punkt. Der Entstehungsprozess ist das Interessante daran! Es war schlicht Zufall. Genauso wie bei den gelben Klebezettelchen der Firma „3M“, auch hier hatte der betroffene Techniker eigentlich am Auftrag vorbei gearbeitet: Er hatte in den 1970er-Jahren den Auftrag, einen möglichst starken neuen Klebstoff zu entwickeln. Ergebnis war allerdings etwas, das nicht stark haftete, dafür aber immer wieder. Spencer Silver warf seine Entwicklung allerdings nicht gleich über Bord, sondern erzählte seinem Kollegen Art Frey davon. Art war Mitglied im Kirchenchor und musste dementsprechend oft in seinen Noten blättern. Er suchte nach Wegen, seine Lesezeichen zu befestigen, und da kam ihm Jahre später der Gedanke, es mit dem eigenartigen Klebstoff zu versuchen, den sein Kollege Spencer entwickelt hat. Kleine Zettelchen wurden damit bestrichen und – es funktionierte. Die heute so beliebten Post-its waren geboren. Jährlich werden allein in Deutschland Millionen solcher Blöcke verkauft. Post-its zählen heute zu den wichtigsten Erfindungen der Gegenwart. Die Zeitschrift „Fortune" kürte sie sogar zu einer der wichtigsten des 20. Jahrhunderts, neben der Boing 707, der Compact Disc und dem Kühlschrank[47]. Durch Zufall entstanden.

Ein konkretes Werkzeug möchte ich Ihnen an dieser Stelle mitgeben, um Zufälle zu nutzen. Es ist die „WIDEG"-Formel. Vielleicht haben Sie von diesem Kürzel schon einmal gehört, vielleicht auch nicht. WIDEG steht für: *W*ofür *I*st *D*as *E*ine *G*elegenheit? Diese Frage können Sie in allen möglichen und auch unmöglichen Situationen stellen. In der Arbeit, in der Freizeit, bei Problemen. Im Film „Troja" sieht man eine Szene, in der ein König bei seinen Soldaten sitzt, es ist abends, das Lagerfeuer brennt. Einer der Soldaten schnitzt an einem Holzstück. Der König fragt nach, was er da macht, der Soldat antwortet: „Ich schnitze ein kleines Holzpferd für meinen Jungen." Der König schaut weiter zu, auf einmal kommt ihm ein Geistesblitz. Er entwickelt vor dem geistigen Auge die Lösung ihres Problems, Troja einzunehmen. Die Griechen gewannen nicht, weil sie besser kämpfen konnten, sondern weil sie die besseren Ideen hatten. Kreativität war stets das Zünglein an der Waage. Vielleicht hatte der König damals die Frage im Kopf: Wofür könnte man das nutzen? So wie Art Frey oder Spencer Silver von der Minnesota Mining and Manufacturing Company, besser bekannt als „3M". Mit WIDEG könnten interessante Antworten auf unsere Probleme auftauchen. Grundvoraussetzung ist: Bleiben wir neugierig!

Handfestes

„Das Beste geben" lautet der Titel dieses Buchs. Dazu braucht es besondere Menschen. Oder ganz normale Menschen, die besonders gewillt sind, ihr Bestes zu geben. Dann kann man nicht mehr verhindern, dass auch etwas Besonderes dabei herauskommt. Ein paar Beispiele für solche Ergebnisse möchte ich gerne anführen, um zu zeigen, was möglich ist, wenn sich Talent und Kreativität in der richtigen Umgebung entfalten können. Diese Auswahl ist natürlich so unvollständig und subjektiv, wie sie nur sein kann. Aber es geht ja nicht vordergründig um Produkte in diesem Buch, es geht um die Absicht, die dahintersteckt, und den kreativen Geist, der sie entworfen, produziert und vermarktet hat. Sehr viele Menschen leben von diesen Produkten, und das ist gut so. Wir alle sind auf Einkommen angewiesen. Und wenn wir schon etwas produzieren, warum dann nicht gleich etwas, das einen Unterschied im Leben von Menschen macht, und zwar einen angenehmen?

Beruflich bin ich, wie schon erwähnt, viel auf Reisen, ständig auf dem Sprung zwischen Flughäfen, Bahnhöfen, Hotels und Konferenzräumen. Mein regelmäßiger Begleiter ist ein Pilotenkoffer, der muss jedes Mal mit. Leider gehen diese Rollkoffer regelmäßig kaputt und ich muss mir immer wieder einen neuen besorgen. Bis ich dieses Schweizer „Stück“ fand. Endlich einer, der funktioniert, der einfach zu bedienen ist, schön anzuschauen, sich gut angreift und auch noch meinen Bedürfnissen entspricht. Warum nicht gleich so? Er stammt von dem bekannten Unternehmen, deren Taschenmesser rund um die Welt bekannt sind: Victorinox. Offenbar hat sich jemand nicht nur den gut klingenden Namen „Patriot“ dafür treffend überlegt, sondern auch durchgedacht, was Geschäftsreisende wirklich brauchen. Es sind nicht viel mehr Euro als sonst, die man investiert, um etwas Solides zu bekommen, aber die Freude in der Anwendung ist eine sehr hohe. Das betrifft im Endeffekt nicht nur den Kunden, sondern jeden Beteiligten der Herstellungskette. Wenn wir uns fragen: Wie können wir das Leben unserer Zielperson, unserer Zielgruppe erleichtern?, entstehen schöne Ideen, deren Umsetzung nur noch die nächste logische Folge ist. Das heißt nicht, das alles easy-going ist, keineswegs. Viele gute Ideen werden aus den unterschiedlichsten Gründen wieder verworfen. Viele gute Produkte werden abgelöst, weil es neue Entwicklungen gibt. Umso wichtiger ist es, dass wir „am Ball bleiben“, das heißt ständig dazulernen, besser werden wollen, Neues gemeinsam ausprobieren. Auch das gehört zum Ansatz „Das Beste geben“. Für wen? Für mich! Für uns! Für den Kunden! Wie schafft man es eigentlich, zum „Kunden-Magneten“ zu werden?

Ich liebe sinnlich

In einem der Prospekte eines bekannten Kaffee-Herstellers wird eine Dame namens Olivia Giacometti vorgestellt. Sie ist als Parfümeurin (welch schönes Wort) angestellt und macht sich auf Reisen, um die besten Düfte der Welt und die besten

Kaffeesorten der Welt zu finden. Das Ergebnis ist nicht nur hervorragender Kaffee, sondern auch besondere Duftkerzen. Ich liebe gute Düfte und ich liebe Kaffee. Also wollte ich dem nachgehen und habe eine Kerze im Glas bestellt. Sie duftete unwiderstehlich nach Mokka. Sie duftet sogar dann, wenn sie nicht brennt. Nicht so unwiderstehlich war ihr Preis von satten 35 Euro. Sie fragen sich sicher, wer gibt schon so viel Geld für eine Kerze aus? Das fragte ich mich auch. Als ich die Packung öffnete, war mein erster Gedanke: Vermutlich hat die Kerze 5 Euro gekostet, die Verpackung 10 und der hochwertige Name den Rest, aber es funktionierte. Ich wollte diese Kerze haben, ich habe sogar zwei davon gekauft. Bei einem Vortrag stellte ich sie eine halbe Stunde vor dem Start im Raum auf, um meine Teilnehmer mit einem besonderen Duft zu empfangen. Schon dafür hat es sich gelohnt. Dieses hochwertige Gesamtpaket erfüllte alle Kriterien, die man sich unter Exklusivität vorstellt. Auf diese Weise gelingt es einem anderen Unternehmen, uns dazu zu bringen, für einen Kilo Kaffee zwischen 70 und 85 Euro auszugeben. Auf diesen Betrag kommen Sie, wenn Sie die Menge Kaffee, die in den Kapseln enthalten ist, hochrechnen. Für nur 15 bis 20 Euro würden wir einen fantastischen Kaffee bekommen, wenn wir ihn als ganze oder gemahlene Bohne irgendwo anders kaufen würden. Aber anscheinend sind wir bereit, gerne mehr dafür zu bezahlen. Warum? Weil sehr viel mehr vermittelt wird. Es geht um ein Erlebnis, um Schönheit, Ästhetik, Sinne und Düfte. Es geht um einen Hauch von Luxus. Aber es geht auch um Bequemlichkeit. Mit den Kapseln wurde ein neuer Geschäftszweig eröffnet, der sehr gut verdient. In den eigenen Shops des bekannten Herstellers wird man sehr freundlich und kundenorientiert von professionellen Mitarbeitern in schönen Outfits, in einer ansprechenden Umgebung und natürlich mit dem Angebot, eine Tasse Kaffee zu kosten, bedient. Selbstverständlich schmeckt der Kaffee hervorragend, kostet jedoch auch seinen Preis. Am Anfang suchte ich diese „Collections“ in den verschiedenen Supermärkten und verstand nicht, dass ich sie dort nicht kaufen konnte. Erst später kam ich darauf, dass es diese nur in den eigenen Shops oder im Internet zu erwerben gab. Auch das ist eine gewisse Art von Exklusivität. Es geht nicht mehr um Kaffee, sondern vielmehr um „Objekte der Begierde“. Allein der Folder, den man dazu bekommt, greift sich sehr hochwertig an, genauso wie die Werbung, die Eleganz und Hochwertigkeit vermittelt. Das hat der Nestlé Konzern sehr geschickt verstanden und umgesetzt: aus einem Alltagsprodukt einen Kunden-Magneten zu machen, indem man ihn neu erfindet. Dass der Zeitpunkt auch noch der richtige war, ist vielleicht Glück, vielleicht aber geschickt eingesetzter Verstand und auf jeden Fall viel Kreativität. Das einfache Handhaben von Kapseln entspricht dem „Convenience“-Gedanken: einfach und bequem soll es sein, schnell gehen und trotzdem gut schmecken. Nachdem der Patentschutz ausgelaufen ist, sind bereits erste „Me-tos“ am Markt, die an diesem Kuchen mitnaschen wollen. Aber deren Kaffee schmeckt leider nicht so wie das Original. Dafür ist er billiger. Vielleicht ist es doch besser, man erfindet selbst etwas, anstatt Bestehendes abzukupfern und günstiger anzubieten?

Objekte der Begierde

Wie schafft es ein Unternehmen, dass sich Menschen bei der Neueröffnung eines Geschäfts oder kurz vor dem Verkauf eines neu auf den Markt gekommenen Produkts in Schlangen anstellen oder sogar davor campieren? Solche Szenen kennen unsere Großeltern aus Kriegszeiten und eventuell in der Zeit danach, in der es wenig Auswahl und wenig Ware gab und das

Anstellen einfach zum Lebensalltag gehörte, aber heute? In unserem Überfluss, in der Riesenauswahl, die uns angeboten wird? So etwas interessiert mich. Ich frage mich dann: Was machen diese Konzerne, dass die Leute so begeistert sind? Die Rede, und sie werden es schon ahnen, ist hier von einem weltweit berühmten Computerhersteller, der Trendsetter ist, wenn es um Laptops, Smartphones oder Tablets geht. Dabei ist es nicht so, dass er der einzige Hersteller solcher Geräte wäre. Aber dieses Unternehmen hat mit seinen Produkten den Status „Most wanted products" erlangt. Die Mitarbeiter im Store applaudieren dem Ersten, der dieses neue Produkt erworben hat. Eine Zeitung titelt: „Apples iPad in China nach vier Stunden ausverkauft!"

Ich bin selbst vor einigen Jahren vom eingefleischten, aber auch frustrierten Windows-User zum Apple-Fan geworden, nachdem ich entschieden habe, einmal wieder etwas Neues zu probieren und zu lernen. Also bin ich umgestiegen und habe das System gewechselt. Und ich bin begeistert. Auch wenn nicht immer alles funktioniert, das kenne ich ja schon, sind Abstürze oder gar Virenprobleme weit seltener, wenn überhaupt relevant. Es gibt für Apple nicht einmal Virenschutzprogramme, weil es schlicht wenige Ansätze gibt, Viren dafür zu verbreiten, und die Systeme auch sicherer sind. Natürlich merkt man das im Preis. Aber lieber zahle ich etwas mehr und habe dann Technik, die funktioniert. Sie sehen, das Apple-Virus hat mich schon erfasst. Es scheint, als hätte der leider schon verstorbene Steve Jobs etwas richtig gemacht. Wenn so ein Mastermind ausscheidet – und der wesentliche Erfolg dieses Unternehmens ist sicher sein Hauptverdienst –, dann merkt man das leider schon. Die Frage wird sein: Kann die Firma den kreativen Fluss, das Geniale, aufrechterhalten? Diesen innovationsgetriebenen Ansatz? Das Ziel war auch in den letzten Jahren immer, keine Anleitung zum Beispiel bei einem Handy mitschicken zu müssen. Studierten wir früher 100 Seiten starke Handbücher, um unser Gerät in Schwung zu bringen, genügt heute oft das Einschalten des bereits halb aufgeladenen und vorinstallierten Produkts. Convenience im technischen Sinn. Schönheit, gepaart mit Funktionalität. Das war das Ziel.

Ich stelle es mir sehr schön vor, für so ein Unternehmen zu arbeiten. Hunderte junge Techniker, Ingenieure, Kreative stellen sich an, um einen Platz in dem Konzern zu ergattern. Dabei ist es sicher nicht immer leicht, zu genügen. Von Steve Jobs ist bekannt, dass er oft genug sehr gute Vorschläge zurückgehen ließ, weil sie ihm nicht gut genug waren. Doch die Freude an der Arbeit mit diesem Produkt und das Interesse an den Menschen sind bei den Mitarbeitern in deren Geschäften, den „Stores" intensiv zu spüren. Und für Kunden liegt genau darin ein hoher Zusatznutzen. Apple-Stores bieten kostenlos Kurse rund um die Software-Themen Video- oder Foto-Bearbeitung oder Textverarbeitung an. Ein Schulungsleiter führt diese kostenlosen Kurse direkt im Geschäft durch und die Kunden können entweder ihr eigenes Gerät mitnehmen oder bekommen vor Ort eines zur Verfügung gestellt. Ein schöner Service, denn so erspart Apple den Kunden den mühevollen Prozess, sich selbst alles aneignen zu müssen, und nimmt die Angst vor dem Umstieg auf ein Apple-Gerät, was natürlich aus verkaufstechnischer Sicht klug ist.

Wenn Sie ein iPhone- oder iPod-Besitzer sind, kennen Sie sicher den Mythos der acht Worte, die auf der Rückseite der Geräte eingraviert sind: „Designed by Apple in California, assembled in China". Entwickelt in Kalifornien und zusammengesetzt zu schnellen und günstigen Konditionen in Asien. Diese acht Worte zeigen, wo die Stärken des „Westens" (Europa und USA) liegen: Im Bereich des Knowhow, der Ideen, der Kreativität, des Designs. Deswegen sind Produkte aus Deutschland, Österreich und der Schweiz weltweit so beliebt. Wenn wir diese noch selbst produzieren, geht es fast nicht besser. Denken Sie an Uhren. Oder an Autos. Autofahrer auf der ganzen Welt schätzen den höchstmöglichen Qualitätsanspruch an Technik und Material und sorgen für schöne Umsatzzuwächse bei Audi, VW, Mercedes oder BMW.

Das schaffen wir in Zukunft allerdings nur mit weiterhin begeisterten Menschen: Mitarbeiterinnen, Mitarbeitern und Führungskräften, die Ideen entwickeln und nutzen, dazulernen, Gas geben. Nicht weil sie es müssen, sondern weil sie es wollen. Die Unternehmen bieten den Rahmen dazu, die Produkte sind das oft geniale Ergebnis dieser Anstrengungen.

Gaumenfreuden in einer deutschen Großstadt

Vielleicht denken Sie sich zwischendurch: „Warum bringt der so viele Beispiele?" Das ist ganz einfach. All diese Beispiele illustrieren, worum es beim Dreiklang des Erfolgs auf dem Weg zum Leistungsglück geht und wie es gehen könnte. Sehen Sie es bitte als Buffet, bei dem Sie zugreifen können: Sie werden nicht alles nehmen, das wäre eindeutig zu viel. Aber das, was Sie gerade anspricht, worauf Sie Lust haben, ist das im Moment Richtige für Sie. Um Ihnen eine möglichst große Auswahl am „Wissensbuffet" zu bieten, bringe ich verschiedene Beispiele. Sei es selbst Erlebtes, erfolgreiche Unternehmen, interessante Filme (Ausschnitte), Persönlichkeiten, Zitate, Produkte oder Dienstleistungen, aber auch Erkenntnisse aus der Gehirnforschung, aus dem Lernen oder aus der Natur (Bionik oder Biomimetik) mit der Schöpfung als Vorbild.

Also auf zum Buffet: Ein interessantes Modell liefert ein bekannter Schokoladenhersteller. „Quadratisch, praktisch, gut". Spätestens jetzt wissen die meisten von Ihnen, um wen es geht. Dieses Unternehmen setzt nicht nur die bisher besprochenen Aspekte sehr klug und gekonnt um, es geht noch einen Schritt weiter, indem es den Kunden miteinbezieht. Zum Beispiel mit einem eigenen Geschäft im Herzen Berlins. In der „Bunten Schokowelt" kann jeder Kunde seine eigene Schokolade herstellen (lassen). Die Tafel selbst kreierte Schokolade kostet zwischen 3 und 4 Euro, das ist schon deutlich mehr als im Supermarkt, aber immer noch leistbar, man kauft sie ja nicht in großen Mengen. Dafür halte ich ein Unikat in den Händen, das es nur für mich gibt. Es ist bemerkenswert anzusehen, wie viele Menschen sich in den Schlangen einreihen, um ihre eigene Schokolade zu bekommen. Im Geschäft wird auch außerhalb der „Schokoladenwerkstatt" viel Auswahl geboten. Die Besucher kommen sehr schnell in die Laune zu kaufen, was sie eigentlich nicht bräuchten. Die Kunst der Verführung? Wenn es gut gemacht ist, lasse ich mich gerne verführen. Ich mag Unternehmen, die auf Image und Markenpflege setzen, dabei gleichzeitig nie vergessen, dass das Produkt top sein muss und die Mitarbeiter immer freundlich. Ich weiß, das ist schwierig, ich selbst bin ja auch nicht immer „gut drauf". Umso wichtiger ist es, die Richtigen am richtigen Ort zu haben, also wieder der Faktor „Umgebung". Denn daraus resultiert die „Umsetzung", eine weitere Stellschraube auf dem Weg zum Leistungsglück. Mitarbeiterinnen und Mitarbeiter, die gerne leisten, spürt man. Sie strahlen Freude aus, wenn sie Kunden bedienen dürfen. Leider spürt man auch das Gegenteil, und das ist immer noch viel zu verbreitet. Mit diesem Buch will ich anregen, das zu überdenken, was wir tun! Ich wünsche mir als Kunde mehr begeisterte Mitarbeiter, am Telefon, im Geschäft, an der Tankstelle, in der Bank, egal wo.

Das Unternehmen mit dem beschriebenen Store hat es verstanden: Ein „Schokopfad" erklärt, wo und wie

Zutaten für die Schokolade herkommen und hergestellt werden. Es wird erklärt, dass die Kakaobohne im Regenwald wächst und wie diese angebaut wird, was Feinwalzen und Conchieren bedeutet usw. Mit diesem Informations-Input rund um die Schokolade kommen alle Wissbegierigen auf ihre Kosten. Irgendwie überkommt mich gerade eine Lust auf Schokolade, komisch ... Sie erinnern sich an unser Eisberg-Modell? Unser Unbewusstes wird ständig damit gefüttert: Brauchst du das? Willst du es? Wirst du hier gut bedient? Das ist die hohe Schule der Verkaufspsychologie. Die meisten aller größeren Kaufentscheidungen entstehen aus dem Bauch heraus – wir sind ja Gefühlsmenschen – und werden dann mit dem Kopf begründet. Das Eisberg-Modell bringt diese These sehr gut rüber. Raffinierterweise wird schon bei den Kleinsten damit begonnen, Begehrlichkeiten zu wecken. Zum Beispiel in der eigenen Schokowerkstatt für die Jungen, die Eltern müssen draußen bleiben. Natürlich konnte ich meiner Neugierde nicht widerstehen und habe mir sie trotzdem angesehen. Zu sehen waren eine eigene Garderobe, eigene kleine Tische und eine Küche, in der die Schokolade gemeinsam produziert wurde. Hier wird die Kundschaft von morgen feinstens vorbereitet. Man könnte auch sagen, ganz nach dem McDonald's-Prinzip. Alle Elternteile werden vermutlich wissen, was ich damit meine. Es geht um die beliebten Spielplätze und die kleinen Spielsachen, die es als Geschenk gibt, mit denen McDonald's unsere Kleinen anlockt. Grundsätzlich finde ich Aktionsmöglichkeiten, wie der Schokoladenhersteller sie seinen Kundinnen und Kunden bietet, allerdings eine sehr schöne Idee, um zu sehen, wie ein Produkt entsteht, und noch dazu kann man dabei selbst mitmischen. Der Kreativität sind keine Grenzen gesetzt, das zeigt sich schon bei den Zutaten, die Kunden in die eigene Schokolade mischen lassen können: Pfefferkörner, Chili, Rosinen oder Marshmallows. Zu guter Letzt können die

Gäste auch noch via Handy-App ihre eigene Verpackung gestalten und ihrer Schoko eine persönliche Note verleihen wie: „Liebe Mama, alles Gute zum Geburtstag“ oder „Ich vermisse dich, deine Nadja“, „Gute Besserung“. So, wo war noch mal die Schokolade in unserem Büro?

Mein Name in den Wolken

Das oben genannte Beispiel begeistert aus folgendem Grund: Wir lieben Individualität. Und wir lieben unseren eigenen Namen. Wehe, der wird irgendwo falsch geschrieben, wir rufen an, schreiben ein E-Mail, wollen ihn korrigiert wissen. Unser Name gehört zu den Wörtern, die wir am liebsten hören, auch wenn uns das gar nicht bewusst ist. Aber wurden Sie schon einmal mit Ihrem Namen empfangen oder verabschiedet? Wie fühlt sich das an im Vergleich zu einem neutralen „Hallo“ oder „Auf Wiedersehen“? Diesem Bedürfnis nach persönlichem Zuspruch kommen Unternehmen zum Teil schon entgegen, zum Teil gibt es hier noch richtig Potenzial, auch im Umgang miteinander. Wie könnte das gehen? Ganz einfach. Gut gestaltete Drucksorten sind etwas Schönes. Zum Beispiel ein Katalog der Wanderregion Österreich-Südtirol, der so gestaltet war, dass mein Name in den Wolken geschrieben stand. Das hat mich fasziniert und ich tat mir tatsächlich schwer, den Folder wie die andere übliche Werbepost zu entsorgen. Da war ein kurzes Zögern vor dem Wegwerfen. Das Unternehmen hatte sein Ziel erreicht: Es hatte meine Aufmerksamkeit, wenn auch nur kurz. Ich hatte das Gefühl, dass sich jemand Gedanken gemacht hat, wie man mir als Kunden zeigen könnte, dass ich nicht nur einer von vielen bin, sondern ein potenzieller und wichtiger Kunde, dessen Namen es wert ist, persönlich angeschrieben zu werden. Eine Ego-Sache, ich weiß. Aber so sind wir Menschen.

Ein weiteres Beispiel dazu ist mir kürzlich bei der Verabschiedung an einer Tankstelle aufgefallen: „Danke, Herr Schandl, dass Sie bei uns getankt haben, und gute Fahrt noch!“ Ein breites Lächeln tat sich bei mir auf und ich freute mich richtig über diese kleine, aber feine Geste. Ein Blick auf die Rechnung, die ich mit Kreditkarte bezahlt hatte, und schon wusste der Kassier meinen Namen und verabschiedete mich persönlich. Das mögen vielleicht nicht alle Menschen, aber ein großer Teil hört sehr gerne seinen Namen, und wenn wir das wissen, können wir diesem Bedürfnis doch sehr einfach nachkommen. Auch in unserer internen Kommunikation: Anstatt: „Er hat gesagt“ wäre ein „Toni meint ...“ schöner. Achtung, alles was gut ist, kann auch übertrieben werden. Ein zu häufiges Nennen von Namen fällt genauso negativ auf wie das ständige Weglassen selbiger. Auf ein gutes Mittelmaß kommt es an. In Wort und Schrift. Es zeigt wieder nur eine Einstellung: Ist mir mein Gegenüber wichtig? Ist es sogar so wichtig, dass ich seinen Namen kenne und auch verwende? Nicht als Machtdemonstration, sondern als Zeichen der Wertschätzung und des Respekts. Davon verträgt unsere Welt noch einiges mehr. Menschen, die ihren Job und sich selbst mögen, werden sich damit prinzipiell leichter tun. Oder haben Sie schon einmal unglückliche und unzufriedene Menschen erlebt, die klasse mit den Kunden umgehen? Wenn, dann fällt das eher unter Schauspielerei, und das ist eine andere Branche. Es geht um das Echtsein, um das unaussprechliche Wort „Authentizität“. Dazu müssen wir wissen, was uns wichtig ist, und eine Umgebung finden, die es uns ermöglicht, das auch zu leben.

Dienst-Leistung, die überrascht

Verdienen kommt von dienen. Ein schönes Wortspiel. Und ein wahres. Wenn wir nichts produzieren, gibt es womöglich eine Dienstleistung, mit der wir beschäftigt sind, die wir anbieten. Auch dabei zählt der Faktor Begeisterung mehr als alles andere, darauf kommen wir gleich. Begeistern können nur Menschen, die innerlich brennen. Für das, was sie tun. Dann entsteht auch in diesem Bereich Leistungsglück und der Erfolg folgt auf dem Fuße. Deshalb schauen wir uns abschließend zu diesem letzten großen „Klang des Dreiklangs" noch den Bereich Dienstleistungen und die Menschen und Ideen dahinter etwas an.

Drei Faktoren sind es, die bei Dienstleistungen – egal welcher Art – einen entscheidenden Wettbewerbsvorteil generieren. Das Leben ist kompliziert genug, deshalb ist es außerordentlich wichtig, dass Menschen schnell verstehen, wie ihre Dienstleistung funktioniert und wie sie gebucht werden kann. Und sie sollte unser Leben erleichtern, anstatt es zu erschweren. Ein findiger Kopf ist der Ex-Formel-1-Profi Niki Lauda. Nach seinem Ausscheiden aus dem Rennzirkus gab er erst richtig „Gas", er gründete verschiedene Unternehmen, darunter so spannende Projekte wie mehrere Airlines. Auch ein Mietwagen-System entsprang seiner Kreativität, und zwar an Bahnhöfen. Dort konnte man einfach und schnell Autos der Marke „Smart" mieten, zu günstigen Preisen. In großen Städten sind diese wendigen, kleinen Autos von großem Vorteil. Der Verbrauch und somit die Spritkosten halten sich ebenfalls in Grenzen. In dieser Idee sind alle drei Erfolgssäulen für Dienstleistungen enthalten: Einfachheit, Schnelligkeit und ein hoher Nutzen für den Kunden. Wenn das Ganze noch mit einer freundlichen Art, die echt ist, kombiniert wird, wie herrlich kann das für alle Beteiligten werden!

Können andere Sektoren und Branchen ebenfalls alle drei Faktoren bieten? Ja, definitiv. Wodurch zeichnen sich erfolgreiche Dienstleister aus? Durch Exzellenz, durch – ich sage es immer wieder gerne – Spitzenleistung, egal ob im Kleinen oder Großen. Nur aus diesem Grund gehen wir stets aufs Neue zu unseren Lieblingsanbietern, vom Friseur bis zum Restaurant und – noch wichtiger – wir empfehlen sie weiter.

Was macht einen Spitzen-Dienstleister neben dem vorhin erwähnten Dreiklang noch aus? Auf jeden Fall muss die Basisqualität passen, bevor wir in der Kategorie der Begeisterung ankommen. Kein Friseur kann bestehen, wenn er nicht täglich solide und sogar sehr gute Haarschnitte und -stylings realisiert, mit seinem ganzen Team. Das Gleiche gilt für den Restaurantbesitzer oder die Bank. Die Basisqualität muss passen. Diese führt jedoch noch nicht zur Begeisterung, sie stellt uns lediglich zufrieden. Das Problem dabei ist: auf reine Zufriedenheit folgt noch keine Weiterempfehlung. Es braucht etwas, das darüber hinausgeht, was auch immer dieses „es" ist. Die kostenlose Zusatzleistung, eine kleine Aufmerksamkeit, ein unerwarteter Anruf eines Mitarbeiters zum Beispiel. Dazu fällt mir eine so erlebte Geschichte ein.

Eines Tages ruft mich eine Mitarbeiterin meiner Bank an und sagt: „Herr Schandl, es gibt eine bessere Möglichkeit, Ihr Geld anzulegen, als es auf dem Girokonto liegen zu lassen. Wir haben ein gut verzinstes Taggeld-Konto, ich wollte Sie nur darauf aufmerksam machen …" Ich freute mich sehr. Da ich für meine Kundinnen und Kunden viel reise, habe ich weder Zeit noch Lust, jeden Tag irgendwelche Kontostände zu kontrollieren oder mich ständig über die besten Anlageformen zu informieren. Da freut es mich umso mehr, wenn eine Mitarbeiterin auf mich zukommt und mir konkrete Optimierungsvorschläge macht. Ablehnen kann ich ja immer noch. Aber genau das ist Service! Natürlich habe ich ihr sofort gesagt, dass sie das Geld gerne umbuchen kann. Bei dieser Bank fühle ich mich bis heute gut aufgehoben. Es ist eine sehr einfache, eher konservative Bank[48], deren Filialen sich hauptsächlich an Bahnhöfen finden. Dafür hat sie das Geld ihrer Kunden noch. Lassen Sie mich noch ein zweites Beispiel aus dieser Branche anführen, das mich begeistert hat: Vor einiger Zeit beschloss ich, aus meinem Einzelunternehmen eine GmbH (Gesellschaft mit beschränkter Haftung) zu machen. Dafür wollte ich eine neue Bank, die in der Nähe meines Firmensitzes war. Also vereinbarte ich Termine mit den jeweiligen Filialleitern. Am Schluss kamen zwei Filialen in Frage. Der Unterschied in diesen Begegnungen war groß. Der eine Direktor war auf den Termin richtig gut vorbereitet, er hatte sich meine Website angesehen und empfing mich bereits mit den Worten: „Herr Schandl, gratuliere, was Sie alles aufgebaut haben in den letzten Jahren, das ist schon beachtlich ...“ Ich mochte diesen Mann. Noch dazu hatte er gute Konditionen vorbereitet. Im zweiten Gespräch bei der anderen Bank fragte mich der Direktor, wer ich sei und was ich mache. Vorbereitet? Nein, war er nicht. Ich musste mich vorstellen und ihm lauter Dinge erzählen, die ich von mir weiß, also die mir keinen Nutzen brachten, außer verschwendete Zeit. Diese Informationen hätte er alle im Internet gefunden. Auch er hatte gute Konditionen, aber Sie können sich sicher ausmalen, bei welcher Bank ich gelandet bin. Jawohl, es war die erstgenannte. Und weil ich gute Dienstleistungen gerne weiterempfehle, verrate ich Ihnen, dass es sich bei meiner neuen Bank um die Hypo Salzburg, Filiale Oberndorf, handelt. Übrigens bekomme ich für diese Erwähnung keine Provision, falls Sie das vermuten sollten, sondern ich habe mich einfach über den hervorragenden Service gefreut und fühlte mich einfach als Geschäftspartner respektiert.[49]

Die Kernaufgabe jedes Unternehmens, jeder Führungskraft, jedes Teams und jedes Mitarbeiters lässt sich auf eine vierteilige Wortgruppe zusammenfassen: „Mach deinen Kunden erfolgreich.“ Wenn wir das alle im Kopf haben, lässt sich jedes Leitbild erstellen, jede Entscheidung treffen, wird jeder Service besser. Weil das Wohl des Kunden im Mittelpunkt steht. Die Ausrichtung aller darauf ist die Grundlage dafür, Dienstleistungen zu schaffen, die einfach zu bekommen sind, unkompliziert und schnell funktionieren und einen hohen Nutzen schaffen, egal in welcher Branche Sie das tun wollen. Und wenn Sie dann noch die Erwartungen Ihrer Kunden leicht übertreffen, ist die aktive Weiterempfehlung so gut wie sicher. Und damit künftige Neukunden. Darüber hinaus macht es Freude, Kunden oder Menschen zu überraschen. Ob mit einem Strauß Blumen, den Sie jemandem in egal welcher Stadt zustellen lassen, mit ehrlich gemeinten Komplimenten oder kleinen Geschenken. Fleurop & Co machen das mit den Blumen möglich und seien deshalb als Beispiel erwähnt. Kleine, sinnvolle Giveaways gehören auch dazu. Aber bitte nicht in Form von Kalendern oder Kaffeetassen, das hat heute schon fast jeder als Geschenk im Angebot. Überlegen Sie sich etwas Eigenes, Kreatives. Das in Oberösterreich gelegene Vollholz-Unternehmen „Team 7“ macht aus eigenem Holz schöne Weinflaschen-Ständer, die es an die Kunden verschenkt. So etwas macht Sinn.

Shopping ade?

Diverse Angebote von Unternehmen, die versprechen, einem das Leben zu erleichtern, häufen sich. Denn es gibt Tätigkeiten, die nicht zu unseren Favoriten gehören. Bei einigen von uns Männern ist das zum Beispiel shoppen. Oder noch schlimmer, die eigene Frau zum Shoppen zu begleiten. (Außer man[n] ist in der Modebranche beschäftigt, das geht dann.) Aber wir wollten ja von schönen Dingen hören, deshalb zurück zur Lösung dieses „Problems“, speziell für viel beschäftigte Männer. Sie heißen Modomoto oder Outfittery und ermöglichen es dem Kunden, mit wenigen Klicks und ausgefüllten Zeilen eine Kiste zu bekommen, die bis oben hin mit schönen Dingen zum Anziehen gefüllt ist. Alle in meiner Größe. Herrlich! Ich war in keinem einzigen Geschäft. Und noch besser: Ich behalte nur das, was passt und mir gefällt. Alles andere geht zurück, kostenfrei versteht sich. Der Rest wird bezahlt, das ist nur fair. Diesen Service musste ich probieren. Schon der Postbote machte eine laute Bemerkung über diesen schönen Karton. Was enthielt er? Auf jeden Fall liebevoll Verpacktes. Darunter eine graue Strickjacke von Strellson, ein blaues Poloshirt von Brax, ein schönes schwarzes Hemd von Olymp, bügelleicht und slim fit, schwarze Socken von Tommy Hilfiger, ein Joop-Pulli in Lila, Letzteres war nicht so mein Fall, und einiges mehr. Und einen handgeschriebenen Zettel von „Bastian“: „Hallo, Herr Schandl! Vielen Dank für Ihre erste Bestellung bei Modomoto! Ich habe Ihnen zwei Outfits nach Ihren Wünschen zusammengestellt, die sich auch sehr gut kombinieren lassen! Viel Freude beim Anprobieren und herzliche Grüße nach Oberndorf!“ Ich könnte schreien vor Freude, auch wenn es kein Paket von Zalando ist. *Das* ist Service. Intelligent, sinnvoll, persönlich, nennen Sie es, wie Sie wollen. Und ein Trend aus dem oben genannten Bereich der Produkte wiederholt sich: Convenience. Wie macht unser Produkt, unsere Dienstleistung das Leben des Kunden erträglicher, leichter, schöner? Wenn wir uns das fragen, bekommen wir zentrale Antworten und Verkaufsargumente, wenn wir diese noch umsetzen, macht es richtig Freude, vor allem auch uns selbst. Ebenfalls ein Aspekt des Leistungsglücks. Ich glaube nicht, dass Bastian gezwungen wird, diese Arbeit zu machen, Outfits für andere Menschen zusammenzustellen. Ich glaube sogar, dass es ihm Spaß macht. So wie meiner Tochter, die mir regelmäßig Gutscheine zum Geburtstag schenkt, mit ihr shoppen zu gehen bzw. für eine Shopping-Beratung. Sie liebt es. Gut, sie ist ein Mädchen, eine junge Frau. Für viele ist es eine Riesenhilfe, wenn sie Beratung bekommen oder sich sogar die Zeit sparen können, in ein Geschäft zu gehen, vorher Parkplatz suchen zu müssen, um dann nicht einmal sicher zu sein, das Richtige zu finden.

„Misterspex" bietet das Gleiche für Brillen, „Chocri" erlaubt es, die eigene Schokolade zu erstellen, „Mymuesli" lässt Sie Ihr individuelles Müsli aus verschiedensten besten Zutaten zusammenstellen oder aus einer Vielzahl von fertigen leckeren Vorlagen wählen. Klar sind alle Zutaten aus biologischem Anbau. Die Vielfalt der Möglichkeiten ist enorm. „Mass Customization" nennt sich dieses System: Es bietet dem Einzelnen in großem Stil an, sein eigenes Produkt zusammenzustellen. Was wir bisher aus der Autobranche kannten, greift zunehmend auf andere Bereiche über. Eine schöne Entwicklung, auch wenn das nicht alle Unternehmen auf Anhieb schaffen. Und obwohl es Online-Services aus dem Internet sind, bleibt der Mensch dahinter ein zentraler „Erfolgsfaktor". Nicht nur als Ideenlieferant und Schöpfer von Neuem, sondern vor allem im zwischenmenschlichen Bereich, wenn etwas einmal nicht passt oder wir individuelle Beratung wünschen. Ständig brauchen wir die „Leistungsglücklichen", wenn wir wollen, dass unsere Unternehmen erfolgreich sind und die Menschen darin glücklicher und gesünder. Das Schöne daran ist: Das eine schließt das andere nicht aus, es ergänzt sich sogar wunderbar.

Das glaub ich jetzt nicht!

Kann wirklich jedes Unternehmen das Besondere liefern? Eine außergewöhnlich Weihnachtsaktion hat sich eine kanadische Fluglinie überlegt. Das Schweizer Nachrichtenportal „www.20min.ch“ berichtet über die Geschichte wie folgt: „Herzerwärmende Nächstenliebe oder schamlose PR-Aktion zur Weihnachtszeit? Die kanadische Fluggesellschaft WestJet hat mit einer Werbeaktion über 250 Fluggäste glücklich gemacht, wie das britische Nachrichten-Magazin ‚Daily Mail‘[50] berichtet. Die Passagiere waren mit WestJet von Toronto und Hamilton nach Calgary geflogen – und am Zielort mit Geschenkpäckchen auf dem Gepäckband überrascht worden. Das ‚Weihnachtswunder-Video‘ ist auf YouTube zum Renner geworden. ‚Was wünschen Sie sich am liebsten zu Weihnachten?‘, wurden die in Toronto und Hamilton auf den Abflug wartenden Passagiere über einen Monitor von einem Weihnachtsmann in weiß-blauem Kostüm gefragt. Was die Fluggäste nicht wussten: Sie wurden von einer versteckten Kamera gefilmt. Während die Passagiere nichts ahnend ihre Flugzeuge Richtung Calgary bestiegen, traten rund 150 Freiwillige als weihnächtliche Heinzelmännchen in Aktion. Sie schwärmten in Shoppingcenter aus und besorgten die von den Passagieren gewünschten Spielsachen, Sport- oder Elektronikartikel. Am Calgary International Airport wurden die Geschenke anschließend eingepackt und mit den Namen der Fluggäste beschriftet. Bei der Ankunft in Calgary wartete dann auf die Glücklichen die große Bescherung. In der festlich geschmückten Ankunftshalle und unter künstlichen Schneeflocken rollten da auf dem Gepäckband nicht ihre Koffer und Taschen heran, sondern Geschenke. Wirkungsvoll inszeniert halten die Beschenkten ihre in den WestJet-Farben Grün, Weiß und Blau verpackten Gaben wie Tablets, Gutscheine oder auch bloß Socken und Unterwäsche in die inzwischen sichtbare Kamera. Menschen fallen sich in die Arme, andere sind zu Tränen gerührt. ‚Wir wollten in diesem Jahr mit unserer Weihnachtsferien-Kampagne etwas bieten, das es so noch nie gegeben hat', sagt WestJet-Sprecher Richard Bartrem. Und damit nicht genug: Die Airline hat versprochen, bedürftigen Familien Gratisflüge zu schenken, wenn das am 8. Dezember online gestellte YouTube-Video fleißig angesehen wird. Und das wird es: Das Weihnachtsfilmchen hat bereits weit über sechs Millionen Klicks geholt." Diesen Kurzbericht hat das Online-Portal am 11. Dezember 2013 veröffentlicht. Wenn man wenige Wochen, also Anfang 2014 bei YouTube nachsieht, findet man bereits unglaubliche 35 Millionen Klicks für dieses Video. „Virales Marketing" ist eine sehr treffende Bezeichnung für diese gelungene Aktion. Aber egal, ob man das jetzt als Marketingaktion abtut oder nicht, es ging darum, Menschen zu überraschen, Freude zu bereiten. Und das ist auf der ganzen Schiene gelungen. Auch wenn es für die Mitarbeiter stressig war, die Geschenke zu besorgen, es musste ja alles schnell gehen, stelle ich es mir sehr schön vor, Teil dieses Teams zu sein. Das ist Abenteuer pur. Schaffen wir es? Wie werden unsere Fluggäste reagieren? Was wird danach passieren? Herrlich. So aufregend kann der Beruf sein.

Vor Kurzem durfte ich mehrere Kundenbegeisterungs-Workshops für die circa 60 Führungskräfte eines Unternehmens aus der Transport-Branche mit über 400 Mitarbeitern durchführen, es handelte sich um die TKL Lebensmittel Logistik GmbH.[51] Dabei war ein wichtiger Teil, nach meinem Kurzinput über die verschiedensten Kundenbegeisterungs-Möglichkeiten, selbst Ideen zu generieren, wie das in deren Branche umsetzbar wäre. Von kreativen Lkw-Beschriftungen bis zu speziellen Outfits für die Fahrer, über die Einführung eines Vorschlagswesens oder das Durchführen von Freundlichkeits-Seminaren für die

Fahrer, weil diese täglich Kundenkontakt haben, waren ganz viele geniale Ideen dabei. Der Geschäftsführer, der ebenfalls dabei war, war begeistert und meinte, wenn nur 10 Prozent dieser Ideen umgesetzt würden, wäre dieser Workshop schon ein voller Erfolg. Noch am gleichen Tag traf er sich mit seinem engeren Managementteam, um die Ideen und deren Umsetzung zu diskutieren.

Wenn Führungskräfte mit ihren Mitarbeitern gemeinsam an einem Strang ziehen, um ihr eigenes Unternehmen permanent zu verbessern, entsteht daraus eine besondere Kreativitäts-Kultur. Diese erschöpft sich dann nicht auf einen Vorschlag pro Kopf und Nase und Monat, sondern regt die Gehirne laufend zur Weiterentwicklung an. Das ist das Beste, was passieren kann!

Wovon sagen
andere, dass Sie
etwas besonders
gut können?

Missklang: Ich bin gescheitert. Bin ich?

Das rosarote Röckchen

Menschen bauen großartige Gebäude, wunderbare Autos, mit bestechender Technik. Aber so richtig stark und kreativ werden einige von ihnen, wenn sie mit schwierigsten Umständen konfrontiert werden. Das inspiriert mich.

2003 erfährt Linda Carey, dass sie Brustkrebs hat. Ein Schock für die ganze Familie. Sie beginnt den Kampf gegen den Krebs – Arzttermine, Chemotherapie, Arzttermine, und dann wieder von vorn. Sie gewinnt ihn. Allerdings nur für drei Jahre. 2006 kehrt die Krankheit zurück. Der Krebs hat sich auf ihre Leber ausgeweitet und gilt als unheilbar, so ein Bericht der „Los Angeles Times“[52]. Eine furchtbare Nachricht für sie und Ihren Mann Bob, einen Fotografen. Um sich abzulenken und seinem Frust Ausdruck zu verleihen, kommt er auf eine eigenartige Idee: Er fotografiert sich mit Selbstauslöser fast nackt, nur in einem rosaroten Tutu an den verschiedensten Orten. Das hilft ihm, mit dieser schwierigen Situation umzugehen. Seine Frau Linda zeigt die Fotos anderen betroffenen Frauen und sie alle lachen und haben kurz Freude an dieser komischen Aktion von Bob. „Je mehr ich lache, desto besser fühle ich mich", sagt seine Frau Linda. Er merkt, dass er sie damit etwas aufheitern kann und macht weiter. Inzwischen verkauft er die Bilder und auch ein Bildband sowie ein Kalender sind erschienen, mit dessen Einnahmen anderen kranken Frauen geholfen wird, da die Kosten für solche Therapien oft immens sind. Auf Facebook hat die Seite inzwischen fast 200.000 Fans und es werden täglich mehr. Die Telekom hat ihn und seine Botschaft als Werbepersönlichkeit im deutschen Fernsehen für sich entdeckt.

Hat er das so geplant? Mit Sicherheit nicht. Es ist ein wunderbares Beispiel dafür, wie Menschen mit schwierigsten Situationen umgehen lernen, indem sie nicht aufgeben und sich selbst neu erfinden. Dass dabei etwas – sogar viel – Gutes auch für andere entstehen kann, ist ein großartiger Nebeneffekt dieser Kämpferinnen und Kämpfer. Diese Persönlichkeiten schauen ihrem Schmerz ins Gesicht und sagen: „Hier bin ich, ich stelle mich." Linda sagt über ihren Mann: „Was ich an Bob so schätze, ist, er hat keine Angst, er selbst zu sein. Er geht raus und zeigt sich." Wir alle sind verwundbar, wir wären gerne Superman, aber wir sind es nicht. Und auch Leistungsglück kann und muss kein dauerhafter Zustand sein, aber ein erstrebenswerter, der immer öfter spürbar wird. Dieses Paar hat einen Weg gefunden, mit einer schwierigen Situation umzugehen. Sie machen das genaue Gegenteil von dem, was wir normalerweise tun würden, nämlich trauern und weinen. Diese beiden lachen. Und versuchen, es möglichst oft zu tun. Bobs Statement dazu: „Eigenartigerweise hat ihre Krankheit uns beide gelehrt, dass das Leben gut ist. Der Umgang mit dieser Lebenssituation ist nicht immer einfach, und manchmal ist das Allerbeste, nein, das Einzige, um den Tag zu überstehen, über uns zu lachen und dies mit anderen zu teilen."[53]

Menschen kämpfen. Sie rücken näher aneinander, wenn die Situation schwierig, teils ausweglos scheint. „Wer hätte geglaubt, dass dieses Projekt so groß wird? Es wäre nicht so gekommen, wenn Menschen es nicht geteilt hätten“, so Linda Carey. Dies zeigt wieder einen der großen Vorteile aller sozialen Netzwerke, natürlich neben all den negativen Seiten, die es auch gibt. Sie sagt weiter: „Ich will mich auf das Leben konzentrieren und nach vorne schauen, und Bob hilft mir dabei.“ Das zeichnet besondere Menschen aus, sie geben sich ihrem Leid und Schmerz nicht hin oder geben gar auf, sie kämpfen weiter. Sie kämpfen gemeinsam, jeder für sich und trotzdem Seite an Seite und sie blicken nach vorne.

2013 war eine der schlimmsten Hochwasserkatastrophen in Deutschland, viele Bundesländer waren betroffen, eines davon war Bayern. Ich hatte Freunde, deren Auto im betroffenen Gebiet komplett unter Wasser stand. In der Wohnung musste der ganze Holzfußboden herausgerissen, vorher alle Möbel hinausgegeschafft werden, die gesamte Einrichtung war nicht mehr zu gebrauchen. In diesem Moment des Leides gab es gleichzeitig viele Hoffnungsblicke. Menschen, die spontan mithalfen. Nachbarn kamen in Gummistiefeln und ausgerüstet mit Schaufeln, um zu helfen. Einer von ihnen meinte sogar, er sei jetzt bei sich fertig und könne uns helfen, was für eine großartige Haltung. Junge Männer und Frauen der deutschen Bundeswehr kamen und packten mit an. Sie halfen beim oft schweren Transport der sperrigen Möbel. In jedem Leid steckt Hoffnung. Auch wenn wir es oft nicht sehen können. Dieser Aspekt gehört ebenfalls zum Titel dieses Buchs: „Das Beste geben“. Das Leben ist nicht immer rosarot. Aber wir haben in jeder Situation die Wahl, etwas aus ihr zu machen und uns zu entscheiden, wie wir mit ihr umgehen.

Ein für mich sehr berührendes Beispiel ist das eines jungen Mannes, der nicht so auf die Welt kam wie die meisten von uns. Heute ist er weltweit unterwegs und macht anderen Menschen Hoffnung. Wer ist er?

Keine Arme, keine Beine, aber glücklich

Nick Vujicic kommt ohne Arme und Beine auf die Welt. Seine Eltern, die sich schon so auf dieses Kind gefreut hatten, stehen unter Schock. Die Mutter konnte ihr neugeborenes Baby die ersten Tage gar nicht anschauen, so enttäuscht war sie vom Leben, von Gott. Heute sagt er über sich, er habe ein tolles Leben. Er bewegt sich im Wasser, er spielt Golf, auch wenn es nur das Putten am Green ist, und er hält weltweit Vorträge über das Aufstehen und Hinfallen im Leben, über Talente, Berufung, Misserfolg, Werte. Er demonstriert diese Situation eindrucksvoll auf der Bühne, wie man in einem seiner YouTube-Videos[54] sehen kann, seine Message ist: Wenn sogar er – ohne Arme und Beine – wieder aufstehen kann, um wievielmal mehr können es dann wir, wenn wir fallen? Er inspiriert die Menschen, macht ihnen Mut. Das finde ich sehr bewegend. Er hat sein „Anderssein" als Chance begriffen, einen besonderen Beitrag zu leisten. Das erzeugt in mir ein Gefühl der Dankbarkeit. Ich werde mir bewusst, was ich alles habe, bin und sein darf. Es relativiert die Unwegsamkeiten des Lebens. Manchmal brauchen wir herbe Rückschläge, um wieder für Kleinigkeiten dankbar zu sein. Aber wir können es jetzt sofort sein, hier und jetzt. Dankbarkeit ist eine der besten Möglichkeiten, um das eigene Leben wieder gut in den Griff zu bekommen, im Moment zu leben und glücklich zu sein.

Interessanterweise werden wir erst durch den Vergleich mit anderen dankbar. Wenn wir merken, wie gut es uns geht. Das behauptet auch der Trendforscher Sven Gábor

Jánszky, er meint sogar: „Der Vergleich macht uns glücklich.“[55] Wir sollten uns aber nicht ständig mit anderen vergleichen, denn dadurch kann auch das Gegenteil von Glück eintreten: Neid. Das ergaben Umfragen bei Menschen, die eine Zeit lang durch verschiedene Facebook-Einträge gesurft sind: Viele waren danach nicht glücklicher, weil sie auf all das hingewiesen wurden, was sie selbst nicht machen können. Wenige schaffen es, sich für andere zu freuen, wenn die zum Beispiel in wärmeren Gefilden sind, einen Preis erhalten oder an einem schicken Event teilnehmen. Trotzdem geht es uns allen hier im „Westen“ immer noch sehr gut. Bloß plagen wir uns manchmal selbst mit Kleinigkeiten, die eigentlich auch ihre schönen Seiten haben. Daran erinnert folgender Text eines unbekannten Verfassers, den es schon länger gibt, aber der immer wieder hilft, den eigenen Fokus neu auszurichten[56]:

„Wofür wir dankbar sein sollten, es aber gar nicht registrieren:

Für

- den Partner, der mir in der Nacht die Decke wegzieht: weil es bedeutet, dass er mit niemand anderem unterwegs ist.
- das Kind, das sein Zimmer nicht aufräumt. Weil es bedeutet, dass es lieber zu Hause ist als irgendwo auf der Straße unterwegs zu sein.
- die Steuern, die ich zahlen muss. Weil es bedeutet, dass ich eine Beschäftigung habe.
- die riesige Unordnung, die ich nach der Party aufräumen muss. Weil es bedeutet, dass ich von lieben Freunden umgeben war.
- die Kleidung, die mal wieder zu eng geworden ist. Weil es bedeutet, dass ich genug zu essen habe.

- die vielen Beschwerden über die Regierung, die ich laufend höre und lese. Weil es bedeutet, dass ich in einem Land mit Meinungsfreiheit lebe.
- die hohe Heizkostenrechnung. Weil es bedeutet, dass ich es warm habe.
- die Frau hinter mir in der Kirche, die so falsch singt. Weil es bedeutet, dass ich hören kann.
- die schmerzenden Muskeln am Ende eines harten Arbeitstages. Weil es bedeutet, dass es mir möglich war, hart zu arbeiten.
- den Wecker, der mich morgens unsanft aus meinen Träumen reißt. Weil es bedeutet, dass ich noch am Leben bin.
- die vielen nervenden E-Mails, weil es bedeutet dass es viele Menschen gibt, die an mich denken."

Sie sehen also, es gibt so vieles, wofür Menschen dankbar sein können, auch wenn manches davon komisch klingt, zugegeben. Ich schaffe es selten, für die vielen E-Mails dankbar zu sein. Die offene Frage ist natürlich, ob Dankbarkeit allein genügt, um langfristig glücklich zu sein oder zu werden. Wenn ich an die letzten Jahre zurückdenke, weiß ich: Ja, ich war dankbar, aber ich war auch gestresst. Ich war frustriert. Nach knapp 20 Jahren in der Bildungsbranche habe ich mir die letzten Jahre immer wieder überlegt: Welche Jobs gibt es sonst noch, die für mich in Frage kommen würden? Was gibt es noch, außer dem Beruf des Trainers? Ich habe sogar einen Lebenslauf vorbereitet für den Fall, dass ich mich irgendwo bewerben möchte. Ich mochte auf einmal meinen Job nicht mehr, war unzufrieden und aus all dem heraus kam ein großer Frust. Alles war zur Routine geworden. Und erst als ich das erkannte, konnte ich dort ansetzen und daran arbeiten, es zu ändern. Manche lieben die Routine. Ich brauche Abwechslung. Herausforderung.

Veränderung. Also habe ich mich auf die Suche gemacht: Was wäre für mich jetzt hilfreich? Wofür schlägt mein Herz? Was kann ich gut und was will ich machen? Gleichzeitig wurde mir die Schwierigkeit bewusst, aus meinem damaligen Job auszusteigen, bei einer Terminplanung mit einer Vorlaufzeit von etwa einem halben Jahr. Wie will man da aussteigen oder gar wechseln? Ich kann natürlich ab dem Zeitpunkt X sagen: Ab nun nehme ich keinen Auftrag mehr an, aber gleichzeitig darf ich die Verantwortung für meine Familie nicht vergessen. Was, wenn dann nicht das Richtige da ist? Deshalb beschloss ich damals, in dieser Branche zu bleiben, ich musste aber etwas verändern. Ich war ja dankbar für diesen Beruf, ich war mein eigener Chef, konnte mit Menschen an ihren Zielen arbeiten, durfte selbst viel lernen, durfte dazu beitragen, andere aus- und weiterzubilden und Probleme zu lösen.

Aber obwohl ich mir vorgesagt habe: „Jetzt stell dich nicht so an, es geht dir ja wirklich gut“, war ich trotzdem frustriert. Die vier Buchstaben, die mir schließlich geholfen haben, aus diesem Motivationsloch – oder wie immer man so etwas bezeichnen möchte – wieder herauszufinden, waren S-I-N-N. Der Sinn hat mir gefehlt, den hatte ich verloren. Warum war das so? Ich hatte immer wieder Seminargruppen, bei denen mich die Teilnehmerinnen und Teilnehmer schon in der Früh gefragt haben, ob wir früher Schluss machen könnten, und da habe ich gemerkt, wie meine Motivation in den Keller fiel, ich hätte die Leute am liebsten nach Hause geschickt. Ich habe dann beschlossen, Aufträge von gewissen Unternehmen nicht mehr anzunehmen. Obwohl ich dadurch auf einiges an Umsatz verzichtete, wollte ich diesen „Seminar-Tourismus“ nicht mehr länger unterstützen, dessen Maxime lautet: „Hauptsache, wir müssen nicht arbeiten“. Mir war schade um meine Energie und Zeit und das Geld des Kunden. Ich wollte nur noch mit

Menschen arbeiten, die wirklich lernen wollten, die neugierig waren und bereit, etwas aus sich und ihrem Leben zu machen. Ich liebe es, selbst zu lernen. Dennoch hatte ich aufgehört, selbst Seminare zu besuchen, und das hatte mir gefehlt. Also habe ich mich wieder angemeldet, Neues gelernt, meine Inhalte dadurch verbessert. Das war aber noch nicht alles. Die Umstellung war radikal. Ich habe alles neu organisiert, mich neu aufgestellt, neue Inhalte erarbeitet, meine Präsentationen umgestellt. Man könnte sagen, ich habe mich neu erfunden. Ich konnte mich auch selbst wieder entwickeln, darauf hatte ich völlig vergessen.

Sinn kann nicht erzwungen werden, er muss gefunden werden. Wo suchen wir?

Gerade Nick Vujicic könnte ja völlig frustriert sein, wenn er seine Lebensumstände betrachtet. Wie kann er nur gut drauf sein, fragte ich mich regelmäßig? Es ist ihm nicht immer so ergangen. Heute sagt er: Er hat richtig viel zu tun, gehört aber nicht zu den Burnout-Gefährdeten, weil er Sinn in seinem Leben und seiner Arbeit sieht. Wieder diese vier kleinen Buchstaben, die unserem Leben Bedeutung verleihen. Leistungsglück ist ein anderer Begriff für diese Freude, der bisher in unserem Wortschatz eher selten vorkommt. Er sollte uns aber öfter unterkommen. Wenn nicht, läuft etwas falsch. Wenn sogar Nick Vujicic ohne Arme und Beine im Vorwort seines Buchs „Mein Leben ohne Limits“ sagen kann: „Ich liebe mein Leben. Deins ist genauso liebenswert! Es liegen unverschämt viele Möglichkeiten vor uns. Höchste Zeit, sie zu nutzen. Wie wär's?“, könnten wir doch auf die Idee kommen und die Zeit, die wir jeden Tag neu geschenkt bekommen, auch zu nutzen. Nick zeigt uns, wie durch einen Wechsel der Einstellung und auch der Perspektive enorm viel möglich wird. Raus aus der Opferrolle und dem Jammertal, hin zum Gestalter des eigenen Lebens. Also, in diesem Sinne: Wie wär's?

Was würdet ihr tun, wenn ihr wüsstet, ihr könnt nicht scheitern?

„Ich bin Sam Aham Junior, ich werde keine lange Rede halten – Sokrates hat lange Reden gehalten und seine Freunde haben ihn getötet. In der Vergangenheit hat mein Vater immer die Eröffnungsrede gehalten und dann an den Vizepräsidenten übergeben. Aber wie Sie wissen, ist mein Vater nicht mehr bei uns ... Ich denke, jeder, der ihn kannte, weiß, dass er ein großartiger Mann war ... Und wir denken heute Abend an dich, Paps! Er hat immer mit einem Zitat aufgehört. Er hat gesagt: ‚Was würdet ihr heute tun, wenn ihr wüsstet, ihr könnt nicht scheitern?', und dann hat er gesagt: ‚Geht los und tut es!' Wissen Sie, von wem er das hatte? Von meiner Mutter: Rose Aham. Lassen Sie mich zum Ende Folgendes sagen: Wenn wir dann das neue Jahr begrüßen, lassen Sie uns mal daran denken, dass es manchmal okay ist, auf unser Herz zu hören. Ich weiß, das ist riskant, aber wagen Sie es, voller Vertrauen. Kommen Sie gut ins neue Jahr!"

Diese Rede finde ich inspirierend. Sie ist einer von mehreren Lichtblicken im bereits erwähnten Hollywood-Streifen „Happy New Year". Vor allem der Satz: „Was würdet ihr heute tun, wenn ihr wüsstet, ihr könnt nicht scheitern?" macht mich nachdenklich. Wie oft fangen wir gar nicht erst an mit etwas, das uns am Herzen liegt, weil wir mehr Gründe dagegen finden als Wege, wie es gehen könnte. Dabei ist Scheitern ein wichtiger Teil des Gesamterfolgs. Viele erfolgreiche, leidenschaftliche, begeisterte Menschen sind auf dem Weg zum Glück gescheitert. Doch sie sind wieder aufgestanden, stärker geworden und haben daraus gelernt. Walt Disney sagte: „All die Schwierigkeiten in meinem Leben haben mich gestärkt. Du merkst es nicht, wenn es passiert, aber ein Schlag vor den Kopf kann das Allerbeste für dich sein ..." Und wenn wir betrachten, was er geschafft hat, dieser großartige Unterhaltungskonzern, dann dürfen wir auch wissen, dass dieser Weg mit Hindernissen gepflastert war, so wie bei fast allen von uns.

Ein anderes Beispiel für einen herausragenden Umgang mit Rückschlägen ist die Top-Surferin Bethany Hamilton. Mit 11 Jahren begann die gebürtige Hawaiianerin mit dem Surfen, mit 13 war sie bereits aktiv in der Surferszene unterwegs und erfolgreich. Sie hatte täglich Zugang zu den besten Surfstränden der Welt, war eingebettet in eine liebevolle Familie. Eines Morgens änderte sich ihr Leben radikal: Ein Tigerhai biss ihr den linken Arm komplett ab. Nur durch das beherzte Eingreifen von Freunden und die rasche Hilfe von Ärzten blieb sie am Leben – wie durch ein Wunder. Sie erholte sich, sie kämpfte sich zurück ins Leben. Heute surft sie besser als jemals zuvor. Ein Film wird über ihre Geschichte gedreht: „Soul Surfer". Im August 2013 heiratete sie ihren Traummann. Wenn man die Bilder auf der Internet-Seite des „Daily Mail"[57] betrachtet, meint man, James Bond entsteigt dem Wasser wie damals in „Casino Royale". Im gleichen Jahr schrieb sie auf ihrer Facebook-Seite: „Es ist 10 Jahre her, dass ich meinen Arm verloren habe, aber ich sage, es war ein Gewinn. Ich habe seit diesem Tag nur gelernt und bin gewachsen. Nun bin ich in der Lage, Liebe und Hoffnung mit so vielen anderen Menschen zu teilen und ich surfe immer noch! Gott ist treu und ich bin dankbar." Das ist eine großartige Einstellung! Sie verliert ihren Arm durch einen Haibiss und surft trotzdem weiter.

Was würden Sie tun, wenn Sie wüssten, Sie könnten nicht scheitern? Welche Projekte würden wir anpacken, mit etwas mehr Mut im Herzen? Seien sie beruflicher oder privater Natur. Am Ende werden wir nicht die Dinge bereuen, die wir getan haben, sondern die, die wir nicht getan haben. John Ortberg schreibt in seinem Buch „Wenn das Spiel zu Ende ist, landet alles wieder in der Kiste“: „Und eines Tages ist es vorbei. Andere Spieler laufen weiter. Jemand steigt gerade neu in das Spiel ein. Aber für Sie ist das Spiel zu Ende. Haben Sie klug gespielt?“

Dieser Satz, diese Frage lohnt, etwas länger in Stille reflektiert zu werden. Haben wir klug gespielt?

Die Hoffnung auf ein besseres Leben

Bethany Hamilton hat uns beeindruckt, keine Frage. Doch lassen Sie uns noch kurz bei starken Frauen bleiben. Ich finde es sehr schön, dass es dafür viele Beispiele gibt; Frauen, die sich ihr ganz eigenes Leistungsglück hart erarbeiten und ständig leben.

Eine meiner Lieblingsgeschichten wird eindrucksvoll im Film „Margarete Steiff“, genial besetzt und gespielt durch Heike Makatsch, dargestellt. Ein junges Mädchen aus Giengen an der Brenz erkrankt im zarten Alter von 1,5 Jahren an hohem Fieber. Sie bleibt ein Leben lang benachteiligt, wie die nachträgliche Diagnose „Kinderlähmung“ schon befürchten lässt. Aber lässt sie sich davon unterkriegen? Eindeutig nein. Dabei sind die Umstände nicht die Einfachsten. Es ist Mitte des 19. Jahrhunderts, Technik, Medizin und Forschung sind also erst mäßig fortgeschritten. Ihre Verhältnisse sind weder luxuriös noch besonders unterstützend. Die Eltern erziehen sie mit harter Hand. Trotzdem findet sie Wege, um in die Schule gehen zu können und zu lernen. Sie bettelt so lange beim Vater, bis dieser eine Kiste auf Rollen baut, in der ihr Bruder Fritz sie einfach in die Schule zieht. Auch besteht sie darauf, den Beruf Schneiderin zu erlernen, obwohl ihre rechte Hand nicht voll einsatzfähig ist. Sie wird richtig gut darin. In dieser Zeit waren Nähmaschinen eine neuartige Sensation, leider eine teure. Trotzdem beschließt sie, mit ihrer Schwester und ihren Freundinnen all ihr Geld zusammenzulegen und sich eine zu kaufen. Als sie diese endlich bekommt und davor sitzt, stellt sie entsetzt fest, dass sie mit der rechten Hand die Nähmaschine zum Laufen bringen soll. Das kann sie aber nicht. Es dauert nicht lange, bis sie eine Lösung findet: Sie dreht die Maschine einfach um, um mit der gesunden linken Hand das Schwungrad zu betätigen. Noch irgendwelche Fragen zum Thema Lösungsorientierung? Nein? Ich auch nicht. Bald schon genügt diese eine Maschine nicht mehr, geschickt schafften es die Frauen, mit dieser einen Maschine sehr gut zu verdienen. Sie arbeiteten fleißig. In tiefstem Schwäbisch ermahnte sie ihre Freundinnen: „Wollt ihr schwätzen oder schaffen?“ Eine weitere, schöne Grundeinstellung kommt dabei von dieser besonderen Frau rüber: „Ich werde kein normales Leben haben, aber ich werde ein gutes Leben haben.“ Wenn sie das sagen kann, um wie viel mehr können wir es sagen? Heute, hier und jetzt? Auch ihr blieb vieles nicht erspart, zusätzlich zu ihrem Handicap: schwerer Liebeskummer, persönliche Enttäuschung, eine Wirtschaftskrise samt einer Bank, die ihre soeben noch florierende, gewachsene Fabrik per Eilverfahren in die Insolvenz schicken will. Aus jeder Misere kämpfte sie sich tapfer heraus. Um am Schluss Erfolg zu haben. Ihre letzte Chance, um an Geld zu kommen und ihre Fabrik nicht zu verlieren, ist eine Spielwarenmesse. Vorher sieht man noch eine sehr eindrucksvolle Szene in der Fabrik: In ihrem Rollstuhl begibt sie sich hinaus in den Produktionsbereich. Ihre Näherinnen stehen auf, die hatten damals noch Anstand ... Sie verkündet ihnen, dass sie pleite ist und ihnen den Lohn nicht zahlen kann und schickt alle nach Hause. Was passiert? Keine der Damen rührt sich. Im Gegenteil. Eine setzt sich wieder hin und arbeitet weiter. Die Nächste ebenso, bis alle wieder sitzen, als wäre nichts gewesen. Eine merkt der Chefin gegenüber an: „Wenn Sie denken, wir lassen Sie in diesem Elend im Stich, dann täuschen Sie sich. Wir halten zu Ihnen. Sie waren bisher auch gut zu uns, jetzt bleiben wir." Die Chefin senkt berührt ihren Kopf. Es kann kein besseres Kompliment für eine Führungskraft geben, auch wenn die Mitarbeiter möglicherweise selbst einen Vorteil daraus haben, wenn es mit der Fabrik irgendwie weitergeht. Kurz darauf hebt sie ihren Kopf wieder: „Also, Frauen, worauf warten wir noch? In einer Woche ist die Messe." Die Spielwaren werden hergestellt. Im Akkord. Dort angekommen präsentiert sie ihre neue Erfindung: Plüschbären mit beweglichen Gliedern und einem beweglichen Kopf, eine Innovation damals. Der amerikanische Investor, der sich vor Kurzem noch dafür interessiert hat – er fand die Bären toll –, wendet sich bereits von ihrem Stand ab, weil die 100 Bären, die sie lagernd hat, ihm viel zu wenig sind, als sie ihm hinterherruft, wie viel Stück er denn bis Weihnachten bräuchte? Er meint 3.000. Ein Lächeln macht sich in ihrem Gesicht breit. Sie einigen sich. Die Fabrik und damit viele Jobs sind gerettet und ein weiterer Grundstein für eine moderne Erfolgsgeschichte gelegt. Nach wie vor steht der Name „Steiff" für hochwertige Spielsachen, vor allem im Plüschtierbereich, aber auch schon für Wohn-Accessoires oder Kindermode. 30 bis 40 Euro kostet ein kleiner Teddybär, und das ist erst der Anfang. Hochwertigere Modelle liegen bei 100 oder 200 Euro pro Stück. Es gibt genug Menschen, die das – damals wie heute – bezahlen. Sie halten es so wie Margarete Steiff, die wusste und entschied: „Für Kinder ist nur das Beste gut genug." Um diese Erfolgsgeschichte noch abzuschließen, ein paar Fakten: Kurz vor ihrem Tod (1909) stellten 400 Mitarbeiter und 1.800 Heimarbeiter insgesamt etwa 1.700.000 Spielartikel her. Was für eine Geschichte! Was lernen wir von ihr? Mir hallt der Satz noch nach, den sie am Wasser zu ihrem Bruder Fritz sagt: *„Wenn man immer auf ein besseres Leben hofft, lebt man gar nicht."* Wir leben jetzt. Wir haben es in der Hand. Machen wir etwas daraus!

Manchmal sind die familiären Verhältnisse schwierig und kosten Kraft, wie in oben erwähntem Beispiel. Manchmal sind sie warm, fördernd und geben der menschlichen Seele Flügel. Obwohl ich nicht über Politiker schreiben wollte, finde ich eine Frau aus dieser Branche bemerkenswert. Sie ist studierte Medizinerin, arbeitete als Ärztin, ist Mutter von sieben Kindern und pflegt zusammen mit ihrer Familie den an Alzheimer erkrankten Vater. Im Moment ist sie in ihrem dritten Ministerposten, als Bundesverteidigungsministerin. Zuvor war sie Familien- und Arbeitsministerin. Ursula von der Leyen ist eine Frau, die unter anderem aus ihrer Familie ihre Kraft bezieht und auch wieder in diese investiert. In einem Interview in der „Welt am Sonntag"[58] sagt sie: „Es war zwischenzeitlich sehr schwierig und anstrengend. Mit Ende 40 stellt man sich ja nicht darauf ein, dass gerade in der Zeit, wo Kinder aus dem Haus gehen, jemand anderes kommt, um den man sich jede Minute kümmern muss. Das habe ich lernen müssen und bin dankbar, dass mein Mann und die Kinder den Schritt mitgegangen sind. Aber wenn ich mir überlege, wie viel er mir geholfen hat beim Weg ins Leben, finde ich es selbstverständlich, ihm zu helfen beim Ende des Lebens. Das Eigenwillige ist, dass er uns in seiner vollständigen Abhängigkeit auch etwas gibt." Der Reporter fragt weiter: „Inwiefern?" Sie antwortet: „Erstens lehrt er uns, dass ganz viele Dinge vergänglich sind im Leben: Macht, Bedeutsamkeit, Klugheit und Wissen – das ist alles relativ. Zum Schluss kommt es darauf an, dass man mit seiner Umgebung so gut gelebt hat, dass sie einen auffängt." Man mag die Politikerin gut finden oder auch nicht.

Ich möchte nicht ihre politischen Aktivitäten bewerten, sondern das, wofür sie steht bzw. ich sie wahrnehme: Sie gibt ihr Bestes im Beruf und für die Familie, und das mit Leidenschaft und Durchhaltevermögen. Und dieses Beispiel zeigt die Wichtigkeit von Beziehungen auf. Das geht von oberflächlichen Freundschafts- oder Kollegenbeziehungen über tiefere Bande zu unseren Familien bis hin zur spirituellen Verbindung mit unserem Schöpfer. Auch aus dieser Beziehung schöpfen Menschen unglaubliche Kraft. Gerade, wenn es schwierig wird.

Was bewundern
Sie?

Ausklang: vier Männer in schwarzen Anzügen

„Wir sind ab 13.30 Uhr im Leichenhaus", sagte die Witwe zu mir, als ich nach dem Zeitpunkt der Beerdigung fragte. Leichenhaus. Dieses Wort klang und klingt ganz komisch in meinem Ohr. Da liegt er auf einmal, der tote Körper, reglos, leblos, fahl. Bis vor Kurzem wurde er noch gehegt und gepflegt, war erfüllt von Leben und hatte eine Seele. Und jetzt? Ab in die Erde. Der schöne Sarg wird von vier schwarz gekleideten Männern langsam nach unten gelassen. Als ich dran bin, etwas Erde nachzuwerfen, sehe ich, wie tief der Sarg im Boden liegt. Die Erde fällt auf den schönen Strauß Blumen, die geschmackvoll arrangiert sind. Bald kommen die Totengräber – noch so ein eigenartiges Wort – und schaufeln die Öffnung ganz zu. Ich kann den Weihrauch wieder förmlich riechen, wenn ich über die Zeremonie nachdenke. Warum schieben wir dieses Thema so gern weg von uns, weit weg? Es gehört zu unserem Leben wie die Geburt, eine Urgewalt, und wie das Essen, Trinken oder Schlafen.

Das klingt jetzt etwas makaber, aber ich gehe gerne auf Beerdigungen. Weil sie mich an etwas ganz Wesentliches erinnern: wo ich herkomme und wohin ich gehe. Also die Erde ist nicht mein Ziel, sondern das, was danach kommt. Was genau das sein wird, wie der versprochene Himmel aussieht, wissen wir noch nicht, aber ich stelle ihn mir schön vor. In der Gegenwart Gottes zu sein, ohne Leid und Krankheit, das sind gute Aussichten, da will ich hin. Apropos Gott. Auch er hat eine und sogar mehrere Erwähnungen in diesem Buch verdient, nicht nur weil er eine wesentliche Instanz in meinem Leben war und ist, die mich durch schöne und sehr schwierige Zeiten begleitet hat, sondern weil er auch sein Bestes gegeben hat: seinen Sohn. Vor einiger Zeit war Weihnachten und in einem Jahr feiern wir es mit großem Aufwand wieder. Zu Recht, der Erlöser wurde geboren. Das ist kein frommer Text aus einem Weihnachtslied, sondern eine Tatsache, die mir Hoffnung gibt auf diesen versprochenen Himmel. Deshalb feiern wir es ja so ausgiebig, jedes Jahr wieder. Und dann auch noch Ostern. Gut so! Es erinnert wie die Beerdigung daran, dass es noch etwas mehr, etwas außerhalb unserer Welt und unseres Denkens gibt, etwas, das größer ist als unsere Vorstellungskraft. Oft wollte ich Gott verstehen, nie gelang es mir. Wie soll auch das Geschöpf den Schöpfer verstehen? Kann eine Ameise einen Menschen verstehen? Nicht, dass ich wüsste. So ähnlich dürften sich die Dimensionen zwischen uns und unserem Schöpfer verhalten. Vielleicht sogar noch krasser.

Wenn ich beerdigt werde – und dieser Zeitpunkt wird kommen –, will ich, dass alle singen. Und fröhlich sind. Nicht weil ich nicht mehr bin, sondern weil ich mein Ziel erreicht habe. Singt Kumbaya, während ihr die Erde auf meinen Sarg werft. Das wäre doch einmal etwas anderes. Weihwasser und Weihrauch brauche ich nicht, davon bekomme ich zu diesem Zeitpunkt sowieso nicht mehr wirklich viel mit. Sollte das nicht in meinem Testament stehen, fällt mir gerade ein? Ja schon, aber vielleicht kommen jetzt mehr Leute und feiern mit. Was kann es Besseres geben als die Perspektive auf eine entspannte Ewigkeit? Alles auf dieser Welt ist Schall und Rauch, wenn auch manchmal schöner. Und trotzdem sollten wir weiterhin *das Beste geben*, alles andere wäre langweilig und pure Verschwendung.

Ich möchte mit einem Auszug aus einer Rede schließen, die mich bewegt hat, der Mann, von dem sie stammt, hat die Welt verändert. Vor Kurzem ist er gestorben. Er war nicht immer so friedlich wie am Ende seines Wirkens. Er hat polarisiert, er hatte Zeiten, da rief er zu radikaler Gewalt gegen die Besetzer auf. Aber eine lange – sehr lange – Haftstrafe gab ihm viel Zeit zum Nachdenken. Was nach seiner Freilassung kam, war unglaublich. Obwohl er Jahrzehnte eingesperrt gewesen war, vergab er seinen Peinigern und rief zum friedlichen Engagement für eine Sache auf. Er schaffte es von der Zelle bis ins höchste Amt des Landes. Bei seinem Begräbnis würdigten ihn Staats- und Regierungschefs aus der ganzen Welt. Der Auszug aus seiner Rede stellt für mich einen schönen Ausklang unserer Reise dar, die hier nicht endet, sondern sich fortsetzt. Wir wissen zwar nicht, wie lange sie geht und wo sie uns hinführen wird, aber dieses Abenteuer namens Leben werden wir meistern. Denn wir sind dabei nicht allein. Das wollte ich Ihnen, geschätzte Leserinnen und Leser, mit den vielen Beispielen von besonderen Unternehmen und Persönlichkeiten aufzeigen. Danke, dass Sie diesen Weg bis hierher mitgegangen sind. Ich wünsche Ihnen das Allerbeste und Gottes reichen Segen!

„Unsere größte Angst besteht nicht darin, machtlos zu sein. Unsere größte Angst besteht darin, dass wir über alle Maße hinaus mächtig sein könnten. Es ist unser Licht, nicht unsere Dunkelheit, die uns ängstigt! Wir fragen uns selbst: Wer bin ich schon, dass ich brillant, großartig, begabt, fabelhaft sein könnte? Die Frage ist vielmehr: Wie kannst du dir einbilden, dies alles nicht zu sein? Du bist ein Kind Gottes. Dein Dich-klein-Machen dient der Welt in keiner Art und Weise. Im Schrumpfen gibt es nichts Erleuchtetes; du tust es nur, damit sich Menschen um dich herum nicht unsicher fühlen. Aber: Wir wurden geboren, um die Herrlichkeit

Gottes, die in uns ist, zum Ausdruck zu bringen. Sie ist nicht nur in einigen von uns, sie ist in jedem Menschen! Indem wir unser eigenes Licht scheinen lassen, geben wir erst anderen Menschen unbewusst die Möglichkeit, dasselbe zu tun. Indem wir von unseren Ängsten befreit werden, wirkt unsere Präsenz automatisch befreiend auf andere.“

Nelson Mandela, 1994, in seiner Antrittsrede als erster schwarzer Präsident Südafrikas

Anhang

Kontakt

Treffen wir uns wieder? Ich fände es schön. Gerne vernetze ich mich mit Ihnen auf Facebook, Xing, LinkedIn oder Google+. Kurze Videos zu verschiedenen Themen finden Sie auf meinem YouTube-Kanal. Wenn Sie wollen, schicke ich Ihnen meinen kostenlosen Newsletter, so bleiben Sie über weitere Neuigkeiten, spannende Veranstaltungen und inspirierende Tatsachen immer informiert. Auf meiner Website *www.gabrielschandl.com* können Sie diesen ganz einfach abonnieren.

Schreiben Sie mir bitte auch, wenn Sie mit irgendeinem dieser Punkte Erfahrungen gemacht haben. Ich bin gespannt, darüber zu hören und von Ihnen zu lesen. Mich interessiert Ihre Meinung. Mich interessieren auch Ihre Beispiele. Wer weiß, vielleicht steht einmal Ihr Unternehmen oder Sie hier als Beispiel für positive Entwicklungen. Hier finden Sie unsere Kontaktdaten:

SPEAKER GmbH
Tel. +43 (0)6272 40 628
Brückenstraße 13
A-5110 Oberndorf bei Salzburg
sekretariat@gabrielschandl.com

Vorträge, die bewegen: www.gabrielschandl.com

Literaturverzeichnis

Baumgartner, Felix: „Himmelsstürmer: Mein Leben im freien Fall“, Piper, 2013

Binder, Karlheinz: „Nachdenkliches für Vielbeschäftigte: Erfahrungen eines Managers“, Brockhaus, 1991

Blanchard, Ken: „Erfolg & Erfüllung: Ermutigung zu einer geistlichen Reise“, Projektion J, 1996

Blanchard, Ken: „Whale Done! Von Walen lernen: So motivieren Sie jedes Team zu Spitzenleistungen“, Wilhelm Goldmann Verlag, 2003

Blanchard, Kenneth, Bowles, Sheldon: „Wie man Kunden begeistert: Der Dienst am Kunden als A und O des Erfolges“, Rowohlt, 1994

Brand Eins, Statista.com: „Die Welt in Zahlen 2012“, Brand Eins Verlag, 2011

Bücher, Norman: „Extreme Abenteuer – Über Grenzen laufen“, Goldegg, 2013

Buchholz, Andreas, Wördemann, Wolfram: „Der Wachstums-Code für Siegermarken“, Econ, 2000

Carlzon, Jan: „Alles für den Kunden“, Wilhelm Heyne, 1995

Cerny, Thomas: „Talente nutzen – Erfolgreich sein: Profitieren Sie von Ihrem Potenzial“, Carl Hanser, 2002

Christiani, Alexander, Scheelen, Frank: „Stärken stärken: Talente entdecken, entwickeln und einsetzen“, Moderne Industrie, 2002

Christiani, Alexander: „Magnet Marketing: Erfolgsregeln für die Märkte der Zukunft“, Frankfurter Allgemeine Zeitung, 2002

Covey, Stephen R.: „Der 8. Weg: Mit Effektivität zu wahrer Größe“, Gabal, 2006

Crother, Cyndi and the Crew of World Famous Pike Place Fish: „Catch! A Fishmonger's Guide to Greatness“, Berrett-Koehler Publishers, 2004

Csíkszentmihály, Mihály: „Flow: Das Geheimnis des Glücks“, Klett Cotta, 2007

Donders, Paul C.: „Kreative Lebensplanung: Entdecke deine Berufung: Entwickle dein Potential – beruflich und privat", Gerth, 1997
Ederer, Günter, Seiwert, Lothar J.: „Das Märchen vom König Kunde", Gabal, 1998
Eggler, Anitra: „E-Mail macht dumm, krank und arm: Digital Therapie für mehr Lebenszeit", Orell Füssli, 2012
Etrillard, Stéphane: „Mit Diplomatie zum Ziel: Wie gute Beziehungen Ihr Leben leichter machen", Gabal, 2013
Fischer, Ferry: „Durchbrechen Sie den Leistungszwang: Gezieltes Energie-, Stress- und Schlafmanagement nach der Inpowerlance-Formel", mvg, 2002
Förster, Anja, Kreuz, Peter: „Alles, außer gewöhnlich: Provokative Ideen für Manager, Märkte, Mitarbeiter", Econ, 2009
Frankl, Viktor E.: „Das Leiden am sinnlosen Leben: Psychotherapie für heute", Herder, 2001
Frankl, Viktor E.: „Der Mensch vor der Frage nach dem Sinn", Piper, 2001
Frankl, Viktor E.: „Trotzdem Ja zum Leben sagen: Ein Psychologe erlebt das Konzentrationslager", Deutscher Taschenbuch Verlag, 2009
Fuchs, Jürgen: „Das Märchenbuch für Manager, Gute-Nacht-Geschichten für Leitende und Leidende", dtv, 2007
Gay, Friedbert: „Das Persolog Persönlichkeits-Profil: Persönliche Stärke ist kein Zufall", Gabal, 2003
Grzeskowitz, Ilja: „Attitüde: Erfolg durch die richtige innere Haltung", Gabal, 2013
Haake, Klaus, Seiler, Willi: „Strategie-Workshop: In fünf Schritten zur erfolgreichen Unternehmensstrategie", Schäffer-Poeschl, 2010
Hahne, Peter: „Schluss mit lustig: Das Ende der Spaßgesellschaft", St. Johannis, 2004
Harris, Godfrey: „Empfehlen Sie uns weiter: Mundpropaganda als Marketinginstrument", Signum, 1999
Häusel, Hans-Georg: „Brainscript: Warum Kunden kaufen!", Rudolf Haufe, 2006

Hofmann, Beate & Olaf: „Lockruf des Lebens: Unser Familiensabbatical in Kanada“, Patmos, 2013
Hofmann, Beate: „Zeit für dein Leben: Kleine Pausen für die Seele“, SCM, 2012
Horovitz, Jacques: „Service entscheidet: Im Wettkampf um den Kunden“, Wilhelm Heyne, 1995
Inamori, Kazuo: „Erfolg aus Leidenschaft: Das Credo von Japans führendem Unternehmer“, Signum, 1996
Jánszky, Sven Gábor, Abicht, Lothar: „2025 – So arbeiten wir in der Zukunft“, Goldegg Verlag, 2013
Johnson, Spencer: „Die Mäuse-Strategie für Manager: Veränderungen erfolgreich begegnen“, Ariston, 2001
Jones, Laurie Beth: „Die Macht der Vision: Der Weg zum erfüllten Lebenstraum“, Universitas, 2003
Jung, Holger, Von Matt, Jean-Remy: „Momentum: Die Kraft, die Werbung heute braucht“, Lardon Media, 2002
Latritsch-Karlbauer, Andrea: „Wer geht, gewinnt: Wie Ihr Gehen Ihr Handeln bestimmt“, Goldegg, 2014
Kessler, Volker: „Kritisieren ohne zu verletzen: Lernen von den Sprüchen Salomos“, Brunnen, 2005
Knoblauch, Jörg, Kurz, Jürgen: „Die besten Mitarbeiter finden und halten: ABC-Strategie nutzen“, Campus, 2009
Knoblauch, Jörg W., Hüger, Johannes, Mockler, Marcus: „Dem Leben Richtung geben: In drei Schritten zu einer selbstbestimmten Zukunft“, Campus, 2006
Knoblauch, Jörg, Marquardt, Horst: „Mit Werten Zukunft gestalten“, Hänssler, 2007
Knoke, William: „Kühne neue Welt“, Signum, 1996
Kobjoll, Klaus: „Virtuoses Marketing: Erfolgsgeheimnisse eines Trendsetters“, mvg, 1995
Kobjoll, Klaus: „Motivaction: Begeisterung ist übertragbar“, mvg, 2001
Kobjoll, Klaus: „Wa(h)re Herzlichkeit“, Orell Füssli, 2008
Konrad, Boris Nikolai: „Superhirn – Gedächtnistraining mit einem Weltmeister“, Goldegg, 2013

Kranz, Christine: „Durch Selbstreflexion zum Erfolg: Potenziale erkennen: Persönlichkeit entwickeln: Ziele erreichen“, Symbolon, 2008
Küstenmacher, Werner Tiki: „Jesus-Luxus: Die Kunst wahrhaft verschwenderischen Lebens“, Kösel, 2008
Lehky, Maren: „Die 10 größten Führungsfehler und wie Sie sie vermeiden“, Campus, 2007
Löhken, Sylvia: „Leise Menschen – starke Wirkung: Wie Sie Präsenz zeigen und Gehör finden“, Gabal, 2012
Lois, George: „Verdammt Gute Tipps (für Leute mit Talent!): Entdecke Dein kreatives Potenzial mit Amerikas Kommunikationsgenie“, Phaidon, 2012
López, José Ignacio: „Du kannst es: Memoiren eines Arbeiters“, Econ, 1998
Lucado, Max: „Ganz du selbst! Deinen Platz im Leben entdecken“, Hänssler, 2006
Lundin, Stephan C., Harry, Paul, Christensen, John, Strand, Philip: „Noch mehr FISH! Die unbegrenzten Einsatzmöglichkeiten eines ungewöhnlich erfolgreichen Motivationsbuches“, Redline Wirtschaft, 2002
Lundin, Stephan C., Harry, Paul, Christensen, John: „FISH! Ein ungewöhnliches Motivationsbuch“, Ueberreuter, 2001
Lundin, Stephan C., Harry, Paul, Christensen, John: „Für immer FISH! Wie Sie die Fish!-Philosophie verankern und Ihre Motivation frisch halten“, Redline Wirtschaft, 2003
Mandela, Nelson: „Meine Waffe ist das Wort“, Kösel, 2013
Manz, Charles C.: „Was würde Salomo tun? Die Weisheit des Alten Testaments für den Alltag von heute“, Scherz, 2003
Marriot, J. W., Brown, Kathi Ann: „The Spirit to serve“, Marriot International, 1997
Matthews, Andrew: „Tu, was dir am Herzen liegt“, VAK, 1999
Michelli, Joseph A.: „Das Starbucks-Geheimnis: Wie aus Kaffee Gold wird“, Redline Wirtschaft, 2008
Morrell, Margot, Capparell, Stephanie: „Shackletons Führungskunst: Was Manager von dem großen Polarforscher lernen können“, Eichborn, 2002

Motsch, Elisabeth, Rohrmoser, Sabine: „Meine Gäste – meine Fans: Von der Servicewüste zur Gästebegeisterung“, Trauner, 2014

Motsch, Elisabeth, Berndt, Jon Christoph: „Stilpunkt – Persönlicheit als Marke, Kleidung als Statement“, Goldegg, 2014

Nayar, Vineet: „Employees first, customers second – Turning conventional management upside down“, Harvard Business Press, 2010

Nöllke, Matthias: „Von Bienen und Leitwölfen: Strategien der Natur im Business nutzen“, Rudolf Haufe, 2009

Ortberg, John: „Wie Sie im Leben wirklich gewinnen: Wenn das Spiel zu Ende ist, landet alles wieder in der Kiste“, Gerth Medien, 2007

Peters, Thomas, Waterman, Robert: „Auf der Suche nach Spitzenleistungen: „Was man von den bestgeführten US-Unternehmen lernen kann“, mvg, 1998

Peters, Thomas: „Der WOW!-Effekt: 200 Ideen für herausragende Erfolge“, Campus, 1998

Peters, Thomas: „Re-Imagine: Spitzenleistungen in chaotischen Zeiten“, Gabal, 2007

Pink, Daniel H.: „Drive: Was Sie wirklich motiviert“, Ecowin, 2010

Prange, Peter: „Sieben Wege zum Misserfolg – und eine Ausnahme von der Regel“, Knaur, 2000

Rath, Tom, Clifton, Donald: „How full is your bucket? Positive Strategies for Work and Life“, Gallup Organization, 2005

Sänger, Martin: „Social Media Vertriebscode – Geknackt! Was Unternehmen von Facebook & Co. lernen sollten“ Midas, 2014

Scherer, Hermann: „Jenseits vom Mittelmaß – Unternehmenserfolg im Verdrängungswettbewerb“, Gabal, 2009

Scherer, Hermann: „Schatzfinder: Warum manche das Leben ihrer Träume suchen – und andere es längst leben“, Campus, 2013

Seiwert, Lothar J., Gay, Friedbert: „Das neue 1x1 der Persönlichkeit“, GU, 2004
Seiwert, Lothar: „Ausgetickt: Lieber selbstbestimmt als fremdgesteuert: Abschied vom Zeitmanagement“, Ariston, 2011
Semler, Ricardo: „Maverick!: The success story behind the world's most unusual workplace“, Random House Business Books, 1999
Semler, Ricardo: „The Seven-Day Weekend: A better Way to Work in the 21st Century“, Arrow Books, 2004
Singerhoff, Lorelies: „Die Herren der Erschöpfung: Warum Männer immer müde sind und Frauen immer alles wollen“, Herder, 2003
Sprenger, Reinhard K.: „Das Prinzip Selbstverantwortung: Wege zur Motivation“, Campus, 2000
Szeliga, Roman F.: „Erst der Spaß, dann das Vergnügen: Mit einem Lachen zum Erfolg“, Kösel, 2012
Tominaga, Minoru: „Die kundenfeindliche Gesellschaft: Erfolgsstrategien für Dienstleister“, Econ, 1996
Von Fournier, Cay, Danne, Silvia: „Anders und nicht artig: Neue Wege der Unternehmenspositionierung“, Linde, 2011
Vujicic, Nick: „Mein Leben ohne Limits“, Brunnen, 2011
Ware, Bronnie: „5 Dinge, die Sterbende am meisten bereuen: Einsichten, die Ihr Leben verändern werden“, Random House, 2013
Wilkinson, Bruce: „Schöpfer der Träume“, Hänssler, 2002
Winget, Larry: „It's Called Work for a Reason!: Your Success Is Your Own Damn Fault!“, Gotham, 2006
Yokoyama, John, Michelli, Joseph: „Wenn Fische fliegen lernen: Ein ungewöhnliches Führungsbuch“, Redline Wirtschaft, 2005
Zanetti, Daniel: „Kundenverblüffung: Kreative Tipps, wie Sie Ihre Kunden nachhaltig an sich binden“, Redline Wirtschaft, 2005
Zigarelli, Michael: „Management by Proverbs: Applying timeless wisdom in the workplace“, PageFree Publishing, 2004

Anmerkungen

1. Stern, Nr. 6, vom 30. 1. 2014, S. 56
2. www.redbullstratos.com
3. 15,3 Mrd. EUR laut Eurobrand 2013, somit Platz 83 der weltweit wertvollsten 100 Marken
4. www.bbc.co.uk/news
5. www.kununu.com
6. www.greatplacetowork.de
7. Angelehnt an Goethes Gedicht „Erinnerung": „Willst du immer weiter schweifen? Sieh, das Gute liegt so nah. Lerne nur das Glück ergreifen. Denn das Glück ist immer da."
8. Ein einzigartiges Gebäude am Salzburger Airport mit einem gastronomischen Bereich und einer Sammlung von historischen Flugzeugen der Flying Bulls sowie Formel-1-Rennwagen und vielen weiteren, sehr schönen „Spielzeugen" von Red-Bull-Chef Dietrich Mateschitz
9. www.youtube.com/watch?v=Ew_tdYoV4Zo
10. www.nextmediaanimation.com/about.php
11. www.youtube.com/watch?v=DoxqZWvt7g8. Der Text bezieht sich auf das Lied „One Day/Reckoning Song" des israelischen Folk-Rock-Musikers Asaf Avidan.
12. Focus, Nr. 07/2014, S. 74
13. Quelle der Geschichte unbekannt
14. Das Interview mit Jamie Oliver führten Kerstin Rottmann und Martin Scholz in der „Welt am Sonntag", Nr. 51, 22. 12. 2013
15. http://coworkingsalzburg.com
16. Martin Scholz im Gespräch mit Leonardo DiCaprio in der „Welt am Sonntag", Nr. 52, 29. 12. 2013
17. http://ow.ly/tjlu5
18. Hierfür seien speziell die Bücher empfohlen von: Knoblauch, Cerny, Lucado, Jones, Kranz und Christiani, sie sind in der Literaturliste zu finden
19. www.whatchado.com
20. Deutscher Preis für Kommunikation 2013, Österreichischer Staatspreis 2013, HRInnovation Slam 2013, Wachstumsstärkstes KMU 2013, HR Excellence Award 2012, Social Impact Award 2011 uva.
21. „Das Talent (griech. Talanton; lat. Talentum) hat seinen Namen von griech. talas ‚Träger, tragend' bzw. ‚Waagschale,

Waage' und wurde ursprünglich nur als Mehrzahlwort (zwei Waagschalen) verwendet. In puncto Gewicht dürfte es von der maximal von einem Menschen bewältigbaren Traglast über längere Zeiträume hergeleitet sein. Das Talent war die größte Gewichtseinheit der Antike. Bei Homer stand ein Talent für eine kleinere Menge Goldmünzen und repräsentierte vielleicht den Wert eines Ochsen." Quelle: www.imperiumromanum.com/wirtschaft/geld/geld_grossgeld_01.htm

22. Matthäus-Evangelium, Kapitel 25, Verse 14–30, Einheitsübersetzung
23. Diese Geschichte ist inspiriert durch den Film „Was Frauen wollen" mit Mel Gibson in der Hauptrolle, USA, 2000
24. „Kleine Menschen reden über andere Menschen. Große über Visionen, Träume und Ziele."
25. „Pumps and Shoes im Dialog": www.pandsid-poe.com
26. Stern, Nr. 6, vom 30. 1. 2014, S. 55
27. www.skialm-lofer.com
28. Das Ergebnis finden Sie auf meinem YouTube-Kanal.
29. Sollten Sie ebenfalls einmal in den Genuss eines außerordentlich guten Services kommen wollen, empfehle ich Ihnen gerne den Schindlerhof in Nürnberg. Ob Sie dort auch auf ein Bier eingeladen werden, kann ich allerdings nicht versprechen.
30. Und wieder eine Empfehlung für eines der besten Seminarhotels in Österreich: Hotel Retter, Pöllauberg.
31. Die gesamte Rede von Martin Luther King ist u.a. zu finden auf www.king-zentrum.de.
32. Der Auftrag der Firma Sonnenmoor in Anthering bei Salzburg
33. www.visionjournal.de/visionmedia/article.aspx?id=1035&rdr=true&LangType=1031
34. Prof. Dr. Peter Kruse, Psychologe und Unternehmensberater, unterrichtet als Professor für Allgemeine und Organisationspsychologie an der Universität Bremen
35. www.spiegel.de/wissenschaft/natur/zugvoegel-tausende-stare-fliegen-im-schwarm-zurueck-nach-europa-a-880036.html
36. „Kammerorchester ohne Dirigenten Dresden": www.kod-dresden.de
37. www.kulturwandel.org/unternehmen-des-gelingens/die-deutsche-kammerphilharmonie-bremen/der-dirigent-darf-fehlen.html
38. www.managementexchange.com/blog/forget-empowerment-aim-exhilaration

39. Der Spruch wird einem Tagebucheintrag von Johann Wolfgang von Goethe am 15. 4. 1781 zugeschrieben. Bei seiner Reise nach Italien brach angeblich in Ravenna die Achse der Postkutsche, die umkippte. Goethe fiel in eine Pfütze und fand dann auch noch kein freies Hotelzimmer in Ravenna.
40. www.spiegel.de/spiegel/print/d-8693621.html
41. „Das Adlon. Eine Familiensaga“ [3 DVDs], Uli Edel (Regisseur), Alterseinstufung: Freigegeben ab 12 Jahren, Formate: DVD und Blu-Ray
42. www.purplefeather.co.uk
43. ManagerMagazin 4/93
44. www.mobi.ch/de/die-mobiliar/werbung/liebe-mobiliar.html
45. Zum Beispiel auf www.klartextsatire.de/papierkrieg/versicherung-01.htm
46. www.schindlerhof.de/schindlerhof.preise,8_20.html
47. www.welt.de/incoming/article108407671/Quadratisch-praktisch-gelb-das-Post-it.html
48. Also wenn Sie es so genau wissen wollen, bitte sehr, es hat ja geheißen, begeisterte Kunden empfehlen gute Dienstleistungen weiter: Es ist die Sparda-Bank.
49. www.hyposalzburg.at
50. www.dailymail.co.uk/news/article-2521128/WestJet-airline-makes-passengers-Christmas-wishes-come-true-icky-PR-stunt.html
51. www.tkl.at
52. http://articles.latimes.com/2013/dec/12/news/la-sh-tutu-project-bob-linda-carey-breast-cancer-20131212
53. www.thetutuproject.com/uber-uns/
54. www.youtube.com/user/NickVujicicTV
55. www.handelsblatt.com/panorama/lifestyle/dress-for-success/dress-for-success-glueck-entsteht-durch-vergleich/9381522.html
56. Verfasser unbekannt, Quelle: www.traderboersenboard.de/showthread.php?t=6987
57. www.dailymail.co.uk/tvshowbiz/article-2399108/Bethany-Hamilton-beams-shes-lifted-air-new-husband-Adam-Dirks-pair-frolic-ocean.html
58. Welt am Sonntag, Nr. 31, 4. 8. 2013, S. 12–13